甘肃省气象局　甘肃省气象学会　策划资助

U0174950

云和天象日记

余优森　著

气象出版社
China Meteorological Press

图书在版编目（ＣＩＰ）数据

云和天象日记 / 余优森著. —— 北京：气象出版社，
2023.5（2024.10重印）
ISBN 978-7-5029-7980-5

Ⅰ．①云… Ⅱ．①余… Ⅲ．①云状－气象观测－图集
Ⅳ．①P426.5-64

中国国家版本馆CIP数据核字(2023)第098052号

云和天象日记

Yun he Tianxiang Riji

余优森 著

出版发行：气象出版社
地　　址：北京市海淀区中关村南大街 46 号　　**邮政编码：**100081
电　　话：010-68407112（总编室）　　010-68408042（发行部）
网　　址：http://www.qxcbs.com　　**E-mail：**qxcbs@cma.gov.cn
责任编辑：颜娇珑　　　　　　　　　　　**终　审：**张　斌
责任校对：张硕杰　　　　　　　　　　　**责任技编：**赵相宁
封面设计：艺点设计
印　　刷：北京地大彩印有限公司
开　　本：889 mm×1194 mm　1/32　　　**印　张：**4.25
字　　数：105 千字
版　　次：2023 年 5 月第 1 版　　　　　　**印　次：**2024 年 10 月第 2 次印刷
定　　价：28.00 元

序 言

　　又是一个春光明媚、莺飞草长的季节，这个季节往往引起人们对往昔的回忆和对未来的憧憬。余优森老领导告诉我他要编辑出版一本科普作品《云和天象日记》，并嘱我写一个序言，对此我很荣幸。

　　我阅读他编写的《云和天象日记》，仿佛穿越了时空，看着窗外春季寻常的蓝天白云，令人百感交集。他将毕生献给甘肃气象事业的历历场景，使我对他的气象人生经历产生了崇高的敬意，也使我们这些后来的气象人产生了共鸣。

　　我和余优森同志相识相知多年，他既是同事，又是师长。在兰州干旱气象研究所工作的时间里，得到他的许多帮助，聆听了许多教诲，得益于业务科研的许多指导，在我职业生涯的初期，打下了人生拼搏奋斗的坚实基础。

　　余优森同志出生于江南的鱼米之乡，与那个年代的有志青年一样，满怀远大的革命理想，来到条件极为艰苦的大西北，开始了艰苦奋斗的人生岁月。在那个年代，人们以苦为荣，讲工作奉献，学先进模范。他正是在那社会氛围中成长起来，养成了坚韧不拔的精神。同困难斗争、同风雨斗争、战天斗地做奉献已经变成了那个时代的气象行业风格，这种风格也深深地根植在后代的甘肃气象事业里，成为甘肃气象人特有的精神品质。正是这些一代代气象人的不懈努力，才有了甘肃气象事业的大发展。如今，甘肃气象防灾减灾体系已基本建成，气象服务的领域不断拓展，气象监测预报预警能力不断提升，气象基础条件有了很大改善，足以慰藉那些在艰苦岁月里为甘肃气象事业贡献毕生的老一代气象工作者！

余优森同志在甘肃气象的岗位上，把最美好的时光留在陇原大地的风云岁月里。面对多发频发的气象灾害、脆弱敏感的生态环境、度深面广的贫困地区，他兢兢业业从事应用气象业务与科研工作；发表学术论文近百篇，合作编著专著多部；多次获得科学技术进步奖，为发展我国气象科学技术事业做出了突出贡献。他推广应用苹果、马铃薯、柑橘等高产优质技术，种草养畜等实用气象技术，为发展甘肃农村经济、助推农民脱贫做出积极贡献，获得甘肃省人民政府奖励。他荣获正高级工程师，享受国务院政府特殊津贴。曾任兰州干旱气象研究所所长、中国农业气象研究会常务理事、中国气象学会专业委员、甘肃省气象学会常务理事。他是贫瘠土地上诞生的具有丰富成果的气象科技专家，也是战天斗地精神取得丰硕回报的优秀代表。

云是天气的招牌。干旱区稀缺的水汽，决定了晴天日数的偏多和深厚云层的珍贵。从二十世纪六七十年代开始，他便以观天为兴趣爱好，观测天象，记录天气日记。退休后，他以观天摄影为爱好，观测记录每个天气过程的指示性、前兆性云状和天象，并拍摄影像图，积累成具有上百个天气过程的云状天象演变过程的日记资料，拍摄有一千多张影像图片。经过精选编辑，编著《云和天象日记》一书，介绍天气演变过程的云状天象出现征兆与降水、台风、沙尘、雷雨、大风天气过程的关系，以普及气象知识，提高气象科普覆盖率。《云和天象日记》将气象观测与群众看天经验、图像摄影相结合，为业余气象爱好者增加气象兴趣，使气象摄影爱好者不仅知其然，而且知其所以然。

这本书是余优森同志毕生献给气象事业的真实写照，一个个代表性的作品，正是他在人生旅途中采撷的一朵朵小花。那个时代的气象人在栉风沐雨的征途中，既要与风雨搏斗，又要与意志搏斗，坚定不移守候阴晴冷暖，伴随电闪雷鸣。岁月进入晚年，回忆往昔的风风雨雨，总结过去的坎坷曲折，自我反省和启迪后人，不失为一件有意义的事情。

早春的季节天气晴好，天空碧蓝，万里无云，夕阳的金晖洒满大地，岁月翻开新的一页，呈现出新的气象！

祝余优森同志身体健康，晚年幸福！

甘肃省气象局局长 杨兴国

2023 年 4 月

前　言

　　每天的天气变化是天气系统和天气过程的"表演舞台"。对于广大群众而言,直感的天气变化"表演"就是日出日落,以及阴晴变化、斑驳陆离的天象和千姿百态的云象。气象万千的"舞台表演"结果就是风雨的交替。在没有现代气象科学和天气预报学之前,千百年来,我国劳动人民就是通过每天观测天气变化的前兆性、指示性云状、天气现象,来认识辨别天气演变的内在规律性,借以预测天气,并且积累了丰富的看天经验及气象谚语,它与中医看病一样,是宝贵的气象文化遗产。中医通过"望、闻、问、切"来诊断人体内的疾病,古气象则是通过观测天象来预测天气,虽然是定性的、粗糙的,但却是科学的。即使是现代运用气象卫星、气象雷达、数值预报等先进设备及技术手段,来预报天气形势和未来天气,也未必能完全准确无误地报出每一个单站单点的天气实况。

　　古时我国劳动人民就有记载天气日记以确定每日出行与农时活动的习惯。行军打仗要记天气日记,以确定军事战术的攻守进退,如甘肃敦煌莫高窟壁画的《占云气节》就是观云测天确定军事战术活动的典型例证。

相较于从宏观视角、从高空拍摄采集全球范围气象云团的演变以研究预测天气变化的卫星气象图像，云状天象观测图像是微观视角，它是从地面某个地点，观测记录并拍摄天气演变过程以及具有前兆性、指示性的云状天象，用以研究预测天气变化。

《云和天象日记》就是云状天象观测图像的记录图集。本书依据天气形势预报，观察天气过程中每天日出日落的云状天象和太阳形象，使用相机捕捉天气演变过程中具有先兆性、指示性的云和天象图像，并结合天气变化记录下来。全书分别以四季的顺序，展示并简要分析了春季春雨，夏秋梅雨、台风、季风雨带进退推移，冬季寒潮冷空气影响等天气，介绍了台风、锋面气旋、低涡、切变，辐合气流过程和对流性天气的指示性、先兆性云和天象，包括云、雨、风、光、电等大气现象。通过积累每一个天气系统过程的云和天象资料信息与图像，从中研究探索这些气象现象与未来天气变化及其预测结果的关系。

本书的出版，得到了甘肃省气象局、甘肃省气象学会的大力支持，在此表示感谢！希望本书能够为研究群众看天经验、探索云和天象及天气演变的规律性认识积累素材，为相关研究提供资料，也为对云和天象感兴趣的读者提供参考。

作者

2022 年 6 月

目　录

四、冬季记录 / 105

寒潮降温锋面雨雪天气 / 106

一、记录项目

（一）日出日落

我国劳动人民在长期的生产与生活实践中，积累起了丰富的看天经验与气象谚语，其中有不少是关于日出日落时云和天象的，如"早看东南，晚看西北""乌云接落日，阴雨将来临""乌云接得高，有雨在明朝；乌云接得低，有雨在夜里""朝（早）霞不出门，晚霞行千里""太阳发毛天要变""日出'青杠'（风缆）兆台风，日落'青杠'兆北风""晨雾不过三"等。实践观测验证，日出日落的云状、天象特征，对于预示未来天气过程具有明确的先兆指示意义，而且日出日落的云和天象与天气演变酝酿发展密切相关。

谚语中所提到的"乌云"就是气象学中说的中云和低云——高积云、层积云、积云等，因为日出日落太阳光微弱，透过大气层后远看呈黑色，即"乌"色。这是锋面气旋天气过程之前，或台风、低涡出现后，大气不稳定层结和对流辐合气流的表征。如果连续出现"日出日落接乌云"的征兆，必然会有锋面气旋或低涡切变降水或台风影响。如果日出日落前后出现曙暮气辉光条，定会有台风和强冷风侵袭。夏秋连续出现晨雾，兆示有台风影响当地；冬季连日出现晨雾，兆示有低温冰雪天气等。

◀ 日出气辉光条

（二）指示性云

在天气演变过程中，有不少具有指示性、先兆性的云和云向。

卷云、卷层云、卷积云：属于高空冰晶结构，呈毛鬃状、鳞片状的云。在暖锋前、冷锋后，低压（气旋）影响过程的混乱天空中，都易出现毛卷云、卷积云。谚语"天上钩钩云，地上雨淋淋""鱼鳞天，不雨也风颠"，就是预示锋面天气影响下即将下雨或刮风。"鱼鳞斑"即卷积云。

高积云、高层云、层积云：在锋面、气旋、低涡、切变天气过程之前，会出现系统的、成片的高积云、层积云排列成行，呈波浪状、滚轴状、辐辏状运动，兆示天气过程前的空气辐合上升运动与气流波动，指示大气存在不稳定层结，即将有降水或刮风天气。

积云：高压控制下的对流性积云，常发展成为浓积云、积雨云，顶部呈砧状、鬃状、秃状。台风属性的积云，不会发展出现冰晶结构的砧状、秃状。冷锋前也会出现积雨云。积雨云常伴随有雷暴、大风、冰雹等现象。

雨层云：布满全天的灰暗色均匀厚密的云层，出现在大范围的深厚上升辐合气流中，如暖（冷）锋面上或其他大范围辐合气流区，常有连续性降水。若云中藏有强对流时，会使降水强度增强，但没有雷暴。

絮状云：雷达回波和直观形状似棉絮，有的如同棉壳中的棉絮，有的如同撕开的棉絮。常出现于锋面气旋、低涡、切变线过程临近前，强辐合上升空气运动不稳定层结，预示有降水、雷雨、冰雹、连阴雨天气出现。

堡状云：在云块（体）上部呈现出一些凸出的积状体，形同城堡、城楼，底部由一个共同的水平底盘相联结。性质同絮状高积云、絮状层积云一样，存在于不稳定大气层结中，兆示坏天气。

碎云：常在降水过程之前出现碎层云、碎雨云。

云向：云向指示高空气流运动的方向和锋面气旋、台风所处的部位。谚语"云往南雨成潭，云往西雨凄凄，云往北不到黑，云往东一场空"说的是，云往西指示锋面的云系与气流交汇爬坡，或台风的临近；云往北和南则预示锋面雨区或气旋、低涡的逼近；云往东则预示天气过程将近结束。

一般较强的锋面气旋天气过程，系统性的高积云、层积云运动方向多为由西南向东北方向移动。冬季干冷锋或浅薄的天气过程，云多由西向东移动。

▲ 卷云

▲ 积云

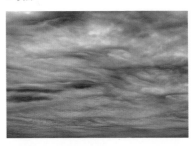
▲ 雨层云

▲ 絮状云

（三）大气光学现象

● 1. 气辉光条

曙暮气辉：晨昏时由于光的散射作用而出现气辉，是光的共振散射、荧光散射、光分解与光电离等共同作用于大气的结果。曙暮气辉光条是曙暮气辉的具体表现，是在日出日落前后，太阳处在地平线下时，从太阳方向往天空辐散开来的青白交替的扇形光条。《气象学词典》解释为"青白路"，谚语常用"青白杠"，渔民叫"风缆"。其中的青色光条实际上是地平线下的云头或山尖遮蔽太阳光所形成的阴影，白色（带淡紫或微红色）光条是通过云隙、山隙并经厚厚的大气层，将蓝光散射掉后所剩余的日光。气辉光条又俗称晖线。

曙气辉光条是台风先兆的指标信息，对应关系极好，故渔民说"风缆兆台风"。下图展示的曙气辉光条就是"狮子山"强台风形成的特有光学现象。笔者所观测到的最强曙气辉光条是 1972 年 6 月 17 日晨，旅经上海时所出现的曙气辉光条，一道青白杠直冲天空，视角宽度近 90°，结果是强台风登陆上海。

暮气辉光条则是寒潮冷空气影响的先兆信息，就是在北方强冷空气南侵影响时产生的光学现象。

◀ 2010 年 8 月 27 日 05 时 56 分至 06 时 05 分温州，"狮子山"强台风在南海形成时的曙气辉光条

▲ 温州台风影响前出现的昼上晖线

白昼气辉光条：出现在日出之后、日落之前的白昼，常在高积云、层积云、积云中出现气辉光条，气象谚语叫作"挂胡子"。当太阳光通过云块散射时，呈现出向上或向下像扇形一样辐射散开的光条，青白交替，被云块云头遮蔽的光条阴影为青色，透过云隙射出的光条为白色、灰白色。光条的宽窄、粗细、长短不一。向上散射光条为上晖线，谚语叫"上挂胡子"，向下散射的光条为下晖线，谚语称"下挂胡子"，如"上胡子风，下胡子雨"，意思是上晖线光条兆示刮风，包括台风、风暴、冷空气入侵刮风，下晖线光条预示有降水，而上、下晖线交替出现预示同时下雨刮风，若在夏季则是对流性天气有阵雨阵风。

晖线是重要的先兆天气信息，它与大气不稳定层结密切相关联，只有在锋面气旋、台风、低涡、切变的辐合上升或强对流天气气流中才会出现这种大气光学现象，在大气稳定层结中的云块是不会出现的。因此，晖线被视为降雨、刮风、台风、雷暴天气的先兆指示信息。典型个例就是2010年8月27日"狮子山"强台风期间，27日先出现曙气辉光条，日出后又出现强上晖线，台风形成；30日再次出现上晖线，台风登陆影响温州。

根据长期观测晖线的资料研究，晖线出现的强弱与低值天气系统的强弱和对流运动有密切关系。天气过程强度强，晖线特别明显清晰，光条宽且多，长度长，视角宽度大，持续时间长；反之，则光条少而短，不清晰，时隐时现，持续时间短。结合单站气象要素分析，表现为气压低，水汽充足湿度大，水汽密度和浑浊度大，空气中的杂质和悬浮微粒增多。在辐合上升气流与强对流作用下，使各种散射和光电解离增强。因此，晖线展现得强烈明显，预示天气过程也很强。强锋面气旋、低涡、台风、切变天气过程，都会出现强烈明显的晖线光象。

笔者观测到最强烈的一次下晖线天象，是兰州一次高原低涡影响过程。

1978年8月5—6日，兰州受高原强低涡影响，早晨有系统的卷云、高积云自西南向东北方向移动。5日07时28分至09时13分，在高积云、层积云中出现明显的下晖线。先是两细一宽条，08时后，有五宽条十余细条，青白相间，特别清楚醒目，持续近2个小时。18时25分至19时02分，继续持续出现。6日日出接乌云，18时05分至19时17分，在积云性层积云隙重复出现下晖线，光条多而长，有9条以上，直射到脚，视角宽度大于30°，特别鲜明醒目。

出现下晖线时，兰州地面气压降到最低的838百帕，变压10百帕，水汽压、浑浊度达最大值。8月7日20时15分至22时30分，出现强雷暴天气，过程降水量 96.8 毫米，1 小时最大降水量 52.0 毫米。这次天气过程为兰州罕见的强雷暴天气，给兰州带来了严重的灾害，许多房屋被冲毁、倒塌，财产损失严重。

2. 霞

霞是常见的天气现象。日出日落前后，在地平线附近阳光经受厚厚的低层大气的散射，其中蓝紫光因波长短，大量被散射吸收而减弱，而红橙光由于波长长，被散射吸收少，因此当光到达观测者的眼睛时，便只剩余下以红橙光为主的光色成分了。此时观测者看到的色彩缤纷的现象就是霞。

只有在天气过程前或后，具有生霞的天气背景下才会出现霞。霞的颜色成分与鲜艳度与大气中的水汽、杂质微粒含量密切相关。一般在强降水过程来临之前或消亡之后，空气中的水汽含量与杂质较多，易出现霞光，而且红橙色鲜艳亮丽；一般弱的降水过程，水汽不充足，微粒相对较少，霞色一般浅淡，呈现橙黄色或浅黄色霞云。在雨季或梅雨期，由于气旋波或静止锋的拉锯移动，在过程间隙会出现橙黄色或浅黄色霞云，兆示会继续下雨。在久雨天气过程之后出现满天红霞，兆示会有相对晴天时段。在夏秋季，若与高温高湿、晨雾相配合出现红霞，兆示将有台风影响本地。若干旱时出现红霞，兆示有久旱，谚语说："火烧天，愈烧天愈干。"西部地区夏季，在积云上出现红橙色霞云，兆示有雷雨冰雹。

"朝霞不出门，晚霞行千里"，正确的解读为：在降水天气过程来临之前出现早霞，兆示有降水天气；而在降水过程消亡之后出现晚霞，兆示晴天。笔者在长期观测霞与天气的规律性认识中发现，凡是在降水天气过程临近影响前有霞，无论早霞、晚霞都有降水出现，只是雨量大小不同而已。即使系统浅薄微弱也会掉几滴雨。而在降水之后出现霞，都是晴天。只有在南方梅雨季节

▲ 晚霞

或受气旋波影响，雨后出现橙色霞后又出现连续降水。夏季在副热带高压控制下，出现满天红霞兆示伏旱。

▲ 3. 华

当日、月光照射到云雾上，经过云层的衍射作用，出现了围绕日、月边缘的彩色光环，色序为内紫外红，视角半径一般为5°，这就是由云雾水滴与微小质粒衍射日、月光所形成的光象——华，多见于高积云。

以太阳为中心的光环称日华；以月亮为中心的光环称月华。华的大小、清晰程度、色彩与云雾结构、水滴质粒大小及多少等有关。云雾水滴质粒大而多、分布较均匀时，华的光环小，色彩清晰鲜艳；水滴杂质小而少时，华的光环大而模糊，颜色偏浅，甚至为白色。云层薄时容易看到华，云层很厚时，衍射光线不易通过，不会看到华。在雾中出

▲ 月华

现华时称华盖。

　　华与降水有关联。谚语说"小华雨，大华晴"。小华光环小，反映云雾中的水滴、质粒大而多，有利于水汽的凝结降水；大华光环大，颜色白，反映云雾中的水滴小而稀少，不利于水汽凝结降水。

　　根据对华的观测看出，在锋面气旋等低值系统过程之前出现日、月华，一般兆雨。如2008年7月23—26日温州持续出现晨雾，26日07时20分至08时在雾中出现华盖，28日"凤凰"台风登陆福建福清，进入浙赣，温州降大暴雨。而若在降水过程之后，或秋冬浅薄且水汽不充足的锋面天气之前出现华，则仅会产生小雨天气或很快雨过天晴。

☁ 4. 晕

　　当空中有冰晶结构的卷层云存在时，在云幕上日、月周围易出现彩色光弧，这就是晕。这是悬浮在云层大气中的冰晶，对日、月光进行折射和反射所形成的光象。彩色的色序为内侧呈淡红色，外侧呈紫色，即内红外紫，与虹弧相反。以太阳为中心的称日晕；以月亮为中心的称月晕。晕的种类有环形圆晕和弧形珥晕。常见的圆晕有22°晕和46°晕，即视半径角分别为22°和46°，谚语中称"全晕"。珥晕则为弧形环，有的呈光斑形，称为"幻日"或"假日"，又叫"日珥"。

◀ 环形圆晕

◀ 弧形珥晕

晕与天气有较好的对应关系。谚语说："日晕三更雨，月晕午时风""日晕雨，月晕风"。晕象观测结果得出，在暖锋、气旋、热带低压、台风影响之前，出现卷层云时会有晕象，兆示有降水过程；而在冷锋天气过程之后，出现卷层云和晕时，往往是降温刮风。

温州 2018 年 5 月 10 日上午出现了大范围的卷层云幕和圆晕，全市各地都观测到同一晕象，傍晚有系统性的高积云自西南向东北方向移动，呈波状，少量呈絮状，日落前有华，日落时有浅橙色云霞；11 日 07 时后，有系统性高积云自西南向东北发展，呈波浪状、辐辏状，预示处在锋面前辐合上升气流之中；12 日出现了连续性中雨降水过程。

☁ 5. 日象云色

除上述天象外，群众看天经验中还需注意看日出日落时的太阳形象和云色。

日出日落时，阳光照在冰晶结构的毛卷云幕，太阳看上去发毛。如果是暖湿气流低值系统影响，太阳发红毛，似变大；秋冬季冷空气锋面影响时，太阳发白毛，兆示有大风；在雨季，雨带影响下，空气湿度大，日出日落时太阳呈红色，但不发毛。

云色主要表现为降水过程临近前，日出日落前后出现云霞，在高积云、层积云的边缘呈现橙黄色，兆示有雨。云色还要看云的黑白、厚薄。云黑说明云层厚，水汽充足，兆示有大雨，在雨层云和雷雨云中常见这种黑白云现象。在静止锋面影响下的雨层云中，还常有黑白交替的云象，这就是天气谚语中说的"亮一亮，下一丈"的含义。即乌云阵雨过后云亮发白，随后又是乌云密布的大雨。

在南方开春，梅雨季节与北方雨季，常有在连续降水后，出

▲ 拨云见日

现雨歇乌云开天，太阳微露的"假放晴"现象。在层积云的云隙裂缝中，闪射出"眯笑"的光线，看似天气要转好放晴，可好景不长，转眼又是乌云密布，接连持续下雨。谚语说"太阳公公眯眯笑，笑了过后连续下"就是这个含义。最典型的例子就是2019年2月开春后，温州受江淮静止锋的拉锯影响，2月11—18日连续阴雨，19日09时云开雾散，在云隙中看到了久违的"眯笑"阳光，随即又是黑云满天，连续下了两天的大雨。

（四）雾和沙尘

雾是一种凝结现象，由贴地层空气中悬浮的大量水滴或冰晶、微粒杂质混合组成。根据天气学分类可分为气团雾和锋面雾。气团雾形成于同一气团，如辐射雾、平流雾、平流辐射雾、上坡雾；锋面雾发生在锋面区前及附近，如锋前雾、锋区雾、锋后雾。

雾与天气变化有密切关系。根据对雾象的天气观测认识，在夏季副热带高压的控制下，持续出现晨雾，兆示有台风、热带气旋、冷涡影响；在大陆高压控制下，秋冬早晨持续出现大范围浓雾，兆示有北方冷空气与锋面天气影响，锋面前出现锋前雾、锋区雾，兆示为锋面连续性降水天气过程。锋后雾和稳定气团控制下的辐射雾兆示天晴。

　　沙尘和沙尘暴是一种灾害性天气。每年春季 3—5 月，秋季 10—12 月，在西北地区常常会出现沙尘、扬沙和沙尘暴天气，每次沙尘暴、扬沙天气，都伴随有冷空气锋面天气南下，给南方带来一场锋面降水过程，两者对应的相关性较好。

◀雾

◀北方沙尘天气

（五）锋与锋面云状及天气现象

中国是季风气候国家，冬季盛行气流来自北方大陆高压冷空气，天气干燥寒冷；夏季盛行气流来自太平洋、印度洋，天气潮湿炎热。一年中，因为大陆高压与海洋副热带高压的季节变动与交汇，形成了不同季节和区域的锋面移动降水，冬春北方少雨干旱，南方阴湿低温多雨。夏秋随着副热带高压逐渐向北推移，锋面静止或北上，形成了江淮梅雨与北方的雨带和雨季。冬半年，北方受大陆高压控制少雨干旱。中国的季风气候与两大气团的控制交汇与锋面季节变化活动有密切关系。

锋是一个天气学概念，指大气中分隔冷、暖气团的狭窄过渡带，是三维空间的气象现象。在空间呈倾斜状态，暖空气在上，冷空气在下，冷、暖气团相交汇的几何界面称为锋面，它与地面的交线称为锋线。锋面相交的区域称为锋区，这里是冷、暖气团相交后，各种气象要素与天气现象剧烈变化的区域。不同的锋型有不同的气象要素，与云状、天气现象相结合，呈现出不同天气，或雷暴大风，或细雨绵绵，或大风沙尘。

根据锋两侧冷、暖气团的移动状况，可分为冷锋、暖锋、静止锋、锢囚锋4种。

冷锋是指冷气团向暖气团方向移动的锋。气象学中常将冷锋分为第一型冷锋和第二型冷锋。两型的天气有明显差别，它所呈现的云状、天气现象以及各自的出场顺序，也有明显的差别。

第一型冷锋指地面锋线位于空中槽前的冷锋。因为它移动速度较慢，又称"慢行冷锋"。云系的先后序列一般是雨层云→高层云→卷云、积云、碎云，降水多为连续性、稳定性降水。如果锋面的暖气团不稳定，在锋线附近会出现积雨云，产生雷阵雨，这是中国夏季常见的一种降水形式，又称为有积状云的第一型冷锋云系。

第二型冷锋指地面锋线位于空中槽之后或槽线附近的冷锋。因其移动速度较快，又称"快行冷锋"。夏半年，暖湿气团处于潮湿不稳定状态，一旦受到冷空气的猛烈冲击，就会产生猛烈的上升运动，发展成积雨云，出现雷阵雨天气。云系的先后序列一般是积云、高积云→积雨云→积云。这是南方夏半年常见的云系序列与降水形式。冬半年，由于空气湿度相对较低，且空气多处于稳定状态，云系序列类似暖锋云系，即卷云→高层云、高积云→雨层云→卷云、积云。有稳定性、连续性降水。锋线一过便云消雨散，出现大风天气。

如果冷、暖气团都很干燥，锋前仅出现少量高云、积云，甚至无云，却有大风和风沙天气，尤其是在北方春季，因无降水现象，常称此为"干冷锋"。而随着干冷锋南下时，由于气团变性，水汽增加，使其强度增强，雨层云系发展加强，常出现连续性、稳定性的降水，这就是北方一次风沙天气带来南方一次降水过程的原因。

暖锋指暖气团向冷气团方向移动的锋。暖锋在移动过程中，暖湿空气沿着锋面上爬，气团稳定，水汽丰沛，锋前有数百千米区域卷云，并逐渐加厚。云系序列为：卷云、卷层云→高层云→雨层云，云状与第一型冷锋相同，出现顺序相反，常出现连续性稳定降水。锋前还会出现锋面雾、碎层云、层云。夏季暖锋由于暖气团处于不稳定状态，锋上有可能出现积雨云，产生雷暴阵雨天气。出现与第二型冷锋相同的云系序列：积云、层积云、高积云→积雨云。

锢囚锋是指在气旋区的冷锋移动速度快于暖锋，并追上暖锋而与之合并的锋。冷性锢囚锋具有冷、暖锋低压区，其云系与降水由原来两锋的云系与降水组成，并保持原有的特征，即：高层云、积云→雨层云→积雨云。暖性锢囚锋也具有冷、暖锋低压区，为冷锋追上暖锋后在低层合并形成，其云系为：积云、层积云、高层云、碎层云→雨层云→高层云、层积云。冷、暖性锢囚锋皆带来连续、稳定的降水。

静止锋为当冷、暖气团势力相当，两者之间的界面呈现为静止状态的锋。静止锋的天气特征类似第一型冷锋，云系和降水分布更广阔。静止锋北侧一般吹东北风或东风，南侧吹西南风。移动速度缓慢，或来回摆动，使影响活动地区出现持续阴雨天气。

各类锋面天气降水与锋面的类型及交汇时大气稳定状态有关。

如果锋面移动速度缓慢，被抬升的空气层结较稳定，所形成的降水一般是稳定、连续的，如第一型冷锋、暖锋、静止锋降水。它具有雨时长、雨区广、雨量大的特点。

如果锋的移动速度急促，被抬升的空气层结呈对流性不稳定，所形成的锋面降水就是阵性降水，如第二型冷锋降水，以及夏季暖锋上对流性不稳定状态下的雷阵雨天气。如果锋面与飑线、切变线、冷平流相配合，便会出现强雷暴、大风、雷雨、冰雹天气。

根据多年对锋面云系的观测与天气日记总结，对锋面云系天象有一些规律性的认识：

（1）辨认暖锋天气系统的云状天象有：①锋面前有卷云，即谚语所说："天上钩钩云，地上雨淋淋"。②有卷层云，伴随有晕，若晕持续时间长、区域广，则预示锋面影响广、强度较强。③日出日落太阳"发毛"，"发毛"是卷云冰晶结构的透射，"白毛"兆示有风沙，"红毛"兆示下雨。④有高层云，在高层云中太阳呈现毛玻璃状，若为红色则兆示有雨。⑤锋前有雾。

（2）辨认夏半年春夏的第二型冷锋、锢囚锋，夏季积状云暖锋及锋面切变、飑线、锋面雷雨、雷暴天气的云状天象有：①日出日落接乌云，即锋面前有波状积云、高积云、层积云。②积状云中出现气辉光条，下晖线兆雨，上晖线兆风，即谚语说的"上胡子风，下胡子雨"，这是锋面前强对流不稳定层结的反映。若先出现下晖线后又有上晖线，兆示雷雨过后刮风。③高积云中有华，若华偏小且颜色发红预示水汽充足，降水较强。④有明显成片的絮状高积云、堡状高积云、层积云、积云，预示有不稳定层结。⑤日出、日落太阳发红、变大，兆示水汽充足，利于雨滴凝结。

冬半年第二型冷锋由于空气干燥，水汽不充足，呈"干冷锋"，不会下雨，只吹风沙。霞是锋面天气的天象，锋前有霞兆雨，锋面后有霞兆晴。冬季"干冷锋"前的霞也兆晴天。

（3）静止锋控制下的连阴雨、春雨、梅雨天气，因为天气系统移动速度慢或来回摆动，常出现偶尔开天、云消雨散、太阳"眯眼笑"的"假晴"现象，紧接着又是乌云密布继续下雨。谚语"太阳偶眯笑，笑后连着下"就是形象的描述。又或者是开天露出太阳，间隔一天有高层云、层云、碎层云，又继续阴雨。

（4）第一型冷锋（"慢行冷锋"）天气，在冬季常出现头一天晴天，过一夜便是阴天，紧接着就是连续性阴雨雪天气，没有明显的天象先兆。

因此，观云状天象，记天气日记，首先必须认识掌握各类锋面天气的特性和云系天象的序列，才能做到观天象、识天气。

二、春季记录

（一）春雨与锋面气旋天气

中国的春雨、梅雨、华西秋雨是典型的静止锋或暖锋降水，主要发生在副热带高压北侧的暖湿气流与西风带中的冷空气相汇合的地区。由于副热带高压随季节而进退，锋面雨出现的地区也随季节由南向北逐渐变动，表现为在大范围天气形势稳定与水汽输送充沛的条件下，降水天气系统在某一地区停滞或连续性地重复出现，形成连阴雨天气。

1. 2008年3月下旬春雨过程

时　　间：2008年3月25—28日

地　　点：浙江省开化县

云天象：卷层云、高积云，日晕，霞，日华

　　3月25日14时05分，有系统性卷层云自西北向东南发展，有日晕，持续到日落前。

　　26日全天毛卷云。27日，太阳发毛，10—16时，卷层云伴随着日晕，上午清晰可见光环，下午时隐时现。日落接乌云，云状为高积云，有浅色霞云。

　　28日，日出接乌云，云状为透光高积云，呈波状，有浅色日华。呈辐辏状。16时至29日，连续性下中雨，一场好春雨。

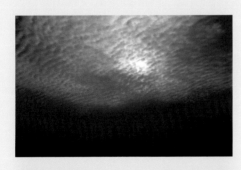

◀3月28日08时15分，高积云（波状），日华

◀3月28日09时05分高积云（辐辏状）

● 2. 2008年4月中旬第一声春雷降水过程

时　间：2008年4月10日
地　点：浙江省温州市
云天象：卷云、卷层云、高积云，日晕，假日，日华

▲ 4月10日16时50分毛卷云、钩卷云

▲ 4月10日16时56分日晕、假日

▲ 4月10日日落高积云、日华

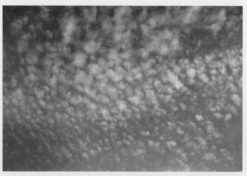

▲ 4月10日16时50分系统性絮状高积云

　　4月10日16时许，受暖锋前影响，有系统性毛卷云、钩卷云、卷层云自西北向东南方向移动发展。16时56分，卷层云中出现不明显日晕，有不清晰明显的假日。由于锋前暖空气处于对流不稳定状态，16时50分，出现了成片的絮状高积云，日落接乌云，云状为高积云，出现日华。日落后有云霞。

　　夜里积云发展，深夜有雷雨，轰隆的雷声震醒梦中的睡人。这是今年第一声春雷。连续性降水到11日中午，中雨。后连续6天阴雨。

3. 2008 年 4 月下旬锋面降水过程

时　　间：2008 年 4 月 25—28 日

地　　点：浙江省温州市

云天象：卷云、高积云，日晕，日华

4 月 25 日，11 时，天顶有系统性卷层云出现，伴有日晕，晕圈不很清晰，持续 1 个多小时。日落时密卷云。

26—27 日，系统性卷云、高积云自西向东移动，呈波浪状，少量絮状。

28 日，日出接乌云，云状为透光高积云，07 时 32 分有华。下午加厚发展为蔽光高积云。夜里出现连续性降水。

▲ 4 月 25 日 11 时日晕

▲ 4 月 27 日高积云（波浪状、少量絮状）

▲ 4 月 28 日 07 时 32 分高积云、日华

◢ 4. 2008 年 5 月中旬降水过程 ①

时　间：2008 年 5 月 10—15 日
地　点：云南省昆明市
云天象：高积云、层积云，霞，下晖线

　　5 月 10—13 日，日出日落接乌云，云状为高积云、积云性层积云，有霞。

　　10 日 17 时在兴义市观测到积云性层积云中出现清晰明显的下晖线，兆示盛行气旋低气压的辐合上升气流影响，与降水有关联。

一条宽大灰红色的光条，从云隙呈扇形直射到山影，视角宽度＞30°，持续约半个小时。

▲ 贵州兴义 5 月 10 日 17 时，下晖线清晰醒目，如倒扇形直射到脚

　　11 日，有系统性高积云，由西南向东北方向移动，出现日华。

　　12 日，08 时乘长途大巴出发，12 时抵达云南石林游览。晚上看电视获悉：14 时 28 分，四川汶川发生里氏 8 级大地震。

　　13 日，08 时石林公园上空出现大片系统性絮

---

①　这是一组从贵州兴义去云南石林旅游行程中，记录天气过程中拍摄的云天象图，又是汶川"5·12"大地震过后的一次锋面气旋影响的大范围降水过程。四川汶川大地震后出现了持续的大雨降水过程。

状高积云，自西南向东北方向移动。日落混乱天空，双层高积云、层积云，碎云，少量呈絮状，有不明显晖线、云霞。

14—15日，滇中、滇东、黔西连续降大雨。

▲ 云南石林5月13日07时絮状高积云

▲ 云南石林5月13日日落，双层高积云、层积云，少量絮状，云霞

5. 2009 年 5 月初锋面降水过程

时　间：2009 年 4 月 28 日—5 月 2 日

地　点：安徽省池州市九华山

云天象：高积云、雨层云

4 月 28—30 日，日出日落接乌云，云状为高积云，呈滚轴状，少量絮状。

5 月 1 日，日出有系统性高积云发展，08 时后，呈滚轴状、絮状。日落加厚为蔽光高积云、雨层云。2 日，出现大范围连续性降水，中雨。

▲ 5 月 1 日 07 时 05 分高积云

▲ 5 月 1 日 08 时 05 分滚轴状高积云（左）、08 时 36 分絮状高积云（右）

6. 2010 年 4 月下旬锋面降水过程

时　　间： 2010 年 4 月 17—20 日

地　　点： 上海市闵行区

云天象： 高积云、层积云、雨层云

　　4 月 17—19 日，日出日落接乌云，云状为高积云、层积云。

　　17 日 14—15 时，有系统性高积云呈大絮状、波状，自西南向东北方向移动发展。日落接乌云，云状为高积云、层积云，呈辐辏状。

　　18 日，日出有雾。上午有系统的高积云、层积云，自东南向西北方向移动，云交云，加厚蔽光为雨层云。19—20 日，连续降水阴雨天气，中雨。

◀ 4 月 17 日 14 时 18 分絮状高积云

◀ 4 月 17 日 17 时 35 分高积云、层积云

7. 2010 年 5 月下旬暖锋降水过程

时　　间：2010 年 5 月 26—29 日

地　　点：浙江省温州市

云天象：卷层云、卷云、高积云，日晕

　　5 月 26 日，日出太阳发毛，系统性锋前毛卷云、密卷云。11 时许，出现日晕晕环不清晰。日落太阳发毛，呈浅橙色。卷云、高积云。有华。

▲ 5 月 26 日 07 时 38 分卷层云、日晕

▲ 5 月 26 日 17 时 20 分卷云、高积云

　　27 日，日出接乌云，云状为高积云、层积云。09 时后，系统性高积云、层积云自西南向东北方向移动。下午云层加厚天气转阴，出现雨层云。

　　28 日、29 日，连续性降水，中雨。

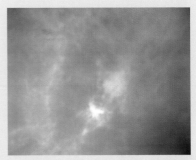

▲ 5 月 27 日 09 时 40 分透光高积云、层积云

8. 2011 年 3 月下旬锋面降水过程

时　　间：2011 年 3 月 25 日—4 月 2 日

地　　点：浙江省温州市

云天象：高积云、层积云、卷云，霞，下晖线

3 月 28—30 日，有晨雾。30 日至 4 月 2 日，日出日落接乌云，云状为高积云、层积云。

29 日，日落毛卷云，太阳红毛，有红霞。

30 日，14 时，有系统性高积云自西南向东北方向移动。日落前有华。

31 日，日出后 07 时 10 分高积云伴随隐约不清晰可见的下晖线。中午有成片系统的絮状高积云，由西南向东北方向移动。日落层积云，出现晚霞。

4 月 1—2 日，日出高积云，有华。

3 日有连续性降水，中雨下了一整天。

▲ 3 月 29 日日出太阳发红毛，毛卷云、霞

▲ 3 月 31 日 07 时 10 分高积云，不清晰隐约可见下晖线

◀ 3月9日12时30分
满天絮状高积云

◀ 3月31日日落层积
云、晚霞

◀ 4月1日07时22分
高积云、日华

9. 2013 年 5 月中旬降水过程

时　间：2013 年 5 月 15—17 日

地　点：云南省丽江市

云天象：高积云

　　5 月 15 日、16 日，日出日落接乌云，云状为高积云。

　　15 日 10 时，有成片系统的絮状高积云自西南向东北方向移动。

　　16 日，重复上述云象。17 日，丽江下中雨。

▲ 5 月 15 日 10 时满天絮状高积云　　　▲ 5 月 16 日上午絮状高积云

（二）北方沙尘天气对应南方降水天气

谣语"北方一场沙，南方一场雨"，指的就是春季3—5月北方风沙天气与南方春雨的关系。北方风沙、浮尘天气伴随着干冷锋南下，给南方带来浮尘、雾、霾。受暖湿空气的抬升对流作用，气团变性为积状云冷锋云系，出现春季降水过程。

1. 2010 年 4 月初风沙降水过程

时　间：2010 年 3 月 27 日—4 月 4 日
地　点：浙江省温州市
云天象：高积云、雨层云

3 月 27—29 日，北方出现大范围强沙尘、雾、霾天气，温州出现黄色沙尘、雾、霾。

27 日，温州受干冷锋南下变性影响，遇暖湿空气沿锋面上爬抬升作用，大气出现对流不稳定层结，上午有系统的絮状高积云，自西南向东北方向移动。

27—29 日，日出日落接乌云，云状为高积云。

29 日 17 时 33 分，系统性絮状高积云发展。夜里至翌日有连续性降水。31 日，日出混乱天空。09 时云销雨霁。间歇后，有絮状高积云、碎雨云，自东南向西北移动。4 月 1—4 日，连续性降水，中到大雨，印证了"云往西，雨凄凄"谚语。

▲ 3 月 27 日上午系统性絮状高积云

▲ 3 月 29 日 17 时 33 分系统性絮状高积云

▲ 3 月 31 日 09 时 31 分絮状高积云、碎雨云

2. 2010 年 5 月中旬锋面风沙大雨过程

时　间： 2010 年 5 月 8—15 日

地　点： 浙江省温州市

云天象： 高积云、层积云，霞，日华

5 月 8 日，北方沙尘天气。受冷空气和锋面影响，9 日，温州下雷阵雨。冷锋变性，受暖湿气团抬升作用，10—12 日，日出日落接乌云。11 日阴。

12 日日出，有高积云，出现霞、云堤（锋面界面）。系统性高积云自西南向东北方向移动发展，呈絮状、波状，上午布满全天。傍晚乌云接落日。混乱天空，双层高积云、积云性层积云，有絮状云、碎云。

▲ 5 月 12 日 06 时 33 分霞、日华

13—15 日，温州连续性降水，雨量 50～100 毫米。江西、湖南下大暴雨，引发洪涝灾害。

▲ 5 月 12 日 06 时 51 分高积云（絮状）（左），06 时 31 分高积云（波状）（右）

3. 2011 年 4 月中旬风沙降水过程

时　间：2011 年 4 月 12—14 日

地　点：安徽省黄山市

云天象：高积云、层积云，霞，上晖线

　　4 月 11—12 日，北方为风沙天气。12 日 08 时 05 分，黄山日出，有高积云、层积云，出现一条宽白色上晖线，日落接乌云。14 日"土雾"浮尘。日落接乌云，云状为高积云，前部呈絮状，有霞。

　　15 日、16 日雷阵雨。

▲ 4 月 12 日 08 时 05 分高积云、层积云，上晖线射向东北

◀ 4 月 14 日日落絮状高积云

三、夏秋记录

（一）梅雨天气

梅雨是典型的静止锋或暖锋降水，主要发生在副热带高压北侧的暖湿空气与西风带中的冷空气交汇的锋面地区。在大范围天气形势稳定和水汽来源充沛的条件下，产生降水的锋面天气系统在某一地区停滞或连续地重复出现，可形成连阴雨天气。

江南的梅雨期，一般为小满、芒种至夏至（5月下旬至6月），即雨带稳定在江南地区。此时正是黄梅、杨梅成熟期，故称"黄梅雨"。因为温度高、湿度大，阴雨持续，家里的东西易发霉长毛，故又称"霉雨"。梅雨天气的特点是雨下下停停、连续阴雨，指示性云状、天象和锋面天气系统重复出现。

1. 2009年6月下旬末大雨过程

时　　间：2009年6月28日—7月1日

地　　点：浙江省温州市

云天象：高积云、层积云

6月下旬，副热带高压北抬，受雨带锋面进退移动和辐合作用，6月28—30日，日出日落接乌云，云状为积云性层云。28日06时29分，日出有絮状高积云布满东半天。07时后有系统性积云性层积云自

▲ 6月28日06时29分东半天絮状高积云

西南向东北方向移动，呈滚轴状。

29日、30日重复出现上述云状。

7月1日出现连续性降水，中到大雨。持续阴雨天气。

◀ 6月28日07时积云性层积云，滚轴状

2. 2010年6月上旬梅雨天气过程

时　间：2010年6月3—8日

地　点：浙江省温州市

云天象：高积云、层积云，日华，下晖线

　　6月3—8日，日出日落接乌云，云状为高积云、层积云。

　　3日，日出高积云，有华。06时58分有系统性高积云呈絮状，自西南向东北方向移动持续1个多小时。云层加厚下雨。4—7日，连续间隙多云，阴雨天气。

◀ 6月3日06时35分高积云、日华

▲ 6月3日06时58分东向絮状高积云（左），07时05分天顶絮状滚轴状高积云（右）

8 日，日出接乌云，系统性双层高积云、层积云发展，呈滚轴状。07 时许，在层积云缝隙出现一条白色、一条青色下晖线，光条射向东北方，清晰可辨，视角宽度＞ 10°。日落混乱天空。

9—10 日，温州连续降大雨，上游天气地区广西、湖南、江西普遍暴雨，造成山洪、泥石流灾害。

▲ 6 月 8 日 07 时高积云呈滚轴状

▲ 6 月 8 日 07 时 15 分层积云云隙下晖线光条（青白色）

3. 2010年6月中旬梅雨过程

时　间：2010年6月11—17日

地　点：浙江省温州市

云天象：高积云、层积云，日华

　　6月11日，日出、日落太阳发毛，毛卷云。全天卷云。

　　12日，日出日落接乌云，云状为高积云，有日华。17时10分又现日华，西南向有系统性透光高积云向东北方向移动，呈波状。日落有晚霞，漫过天顶。

　　13日，日出接乌云，云状为双层高积云、层积云。08时后，加厚转阴。

　　14—16日，连续性降水。中雨。

　　17日，日出开天，混乱天空，有双层高积云、层积云，呈絮状，碎云布满全天。间歇"假晴"过后，夜里继续连阴雨。

▲ 6月12日06时38分高积云、日华

◀ 6 月 12 日 17 时 10 分
系统性高积云，呈絮
状、波状

◀ 6 月 13 日 07 时 35 分
高积云、层积云

▲ 6 月 17 日 07 时 58 分混乱天空（左）、17 时 20 分混乱天空（右）

（二）台风天气

台风是中国东南沿海夏秋季常见的热带气旋天气，生成于北太平洋西部和南海，常于每年5—10月（以7—9月最频繁）影响我国。被影响的地区常有狂风暴雨，台风还会引发洪涝、巨浪、风灾，造成重大的经济财产损失。但另一方面，台风又带来了雨水，可以缓解伏期干旱。

台风区内可分为外围大风区、螺旋雨带区、台风眼静风区。台风位置不同，造成的风力、降水的程度不同。目前，使用气象卫星已经可以准确地定位台风位置，而通过对云和天象的观测，也可初步判断台风对本地的影响。

长期观测台风云天象的结果表明，预示台风生成并影响本地的云天象征兆有：曙气辉光条（即谚语之"风缆"）、昼气辉光条上晕线（即谚语"上胡子风"）、霞、华，以及台风属性的积云、雾、混乱天空中卷云、絮状高积云、堡状高积云、层积云等。每一次台风影响前，这些先兆性天象都会交替出现；但不一定会全部显现。

台风属性积云形状示意

▲ 台风属性积云

台风影响前出现的昼气辉光条上晕线通常都是在不稳定层结的积云性层积云中出现。台风属性积云是指台风影响前出现的积云，云的形状与副热带高压控制下的对流性积云、锋面前从雨层云中发展出的积云不同，它出现的方位都在东南向，与台风影响路径相对应；云的形状如陡峭的山体，不会发展为冰晶结构的砧状、鬃状。

1. 2007 年 10 月上旬"罗莎"台风过程

时　间： 2007 年 10 月 2—6 日
地　点： 浙江省温州市
云天象： 高积云、层积云，霞，上晖线

　　2 日，日出接乌云，在积云性层积云上有上晖线，宽白光条。"罗莎"台风在菲律宾以东洋面生成。

▲ 10 月 2 日日出积云性层积云上晖线

　　4 日、5 日日出后，出现系统性成片的絮状高积云，布满全天，十分罕见，"罗莎"增强为超常台风。日落蔽光层积云，晚霞红满天，呈深红色。两次登陆台湾后，"罗莎"悠悠晃晃在海上转圈北上，7 日 15 时在温州苍南霞关登陆。

　　受"罗莎"台风与冷空气的相互交汇影响，台风在温州境内转圈缓行，逗留近 15 个小时，从 6 日上午开始降雨，一直持续到 8 日深夜，刮风下雨时间之长较为少见。观测记录显示，市过程降水量 500 毫米以上的站点有 2 个，超过 400 毫米的站点有 9 个，平均降水量 208 毫米。

▲ 10 月 5 日 07 时天空布满絮状高积云

▲ 10 月 5 日 18 时晚霞红遍全天

2. 2008年7月中下旬"海鸥"台风过程

时　　间：2008年7月9—20日
地　　点：浙江省温州市
云天象：积云、卷云、高积云、层积云，日华，上晖线

　　7月9—16日，温州持续高温高湿炎热晴天。

　　9日，日出接乌云，云状为积云性层积云。日出后，在积云性层积云中出现上晖线，至11时仍然可见。台风在台湾以东洋面上生成。

　　10—16日，日出日落接乌云。下午台风属性积云发展。

　　12日，日出混乱天空，出现卷云，高积云、积云性层积云，有华。

　　13日，日出混乱天空。日出后，有成片的絮状高积云自东南向西北方向移动。

　　15—16日，混乱天空。

　　17日，"海鸥"台风登陆台湾中部，受其影响全天刮大风，台风云。

　　18日，"海鸥"台风折向北上福建沿海，下午在霞浦登陆。19、20日，温州连续下大雨。

◀ 7月12日台风属性积云

◀ 7 月 12 日 06 时 56 分
混乱天空，有华

◀ 7 月 13 日 06 时 55 分
系统性高积云呈絮状、
波状，自东南向西北方
向移动

49

3. 2008 年 7 月下旬"凤凰"台风过程

时　间：2008 年 7 月 22—30 日
地　点：浙江省温州市
云天象：积云、高积云、层积云，华盖，霞

▲ 7 月 26 日 07 时 56 分大雾朦胧中之华盖

▲ 7 月 26 日日落后的深红色云霞

7 月 22—26 日，持续高温高湿炎热晴天。23—25 日，连续 4 日有晨雾，抬升消失后大晴天。26—28 日，日出日落接乌云，云状为积云性层积云，或混乱天空。

26 日，日出后，在雾曚中出现少有的华盖，华环特别大，内淡青色，外浅棕色，清晰醒目，持续时间为 07 时 20 分至 08 时 10 分，近 1 个小时后消失。日落出现深红色云霞。此时台风生成。

26—27 日下午，东向有台风属性积云发展旺盛。27—28 日，日出混乱天空，卷云、双层高积云、絮状高积云、层积云、碎云交替出现。

28 日 06 时，"凤凰"台风在台湾花莲登陆，满天台风前兆乱云、碎雨云自东北向西南方向移动。台风穿过台湾北上，22 时，在福建福清再次登陆，经过闽、浙，转入赣、皖。

　　此次"凤凰"台风的特点是：（1）生成速度快，为增强型台风，发展速度快、强度强；（2）台风半径大，影响范围广，除直面影响闽、浙外，还波及影响赣、湘、粤、皖、苏、沪等省（直辖市）；（3）水汽能量供应充足，发展增强条件好，持续4天出现大雾和华盖就是征兆；（4）台风登陆后，发展持续时间长，且在副热带高压与大陆高压的挤压下，在二者之间的夹缝中西伸北进，为历史所罕见之例。

　　受"凤凰"台风影响，温州28—30日连续下大暴雨，全市各站的过程平均降水量256毫米，最大降水量为560毫米（泰顺），福建、江西、湖南普降大暴雨，造成多地洪涝灾害，同时刮大风。

◀ 7月26—27日，有东至东南向发展旺盛的典型台风属性积云

◀ 台风影响前的混乱天空

4. 2008 年 8 月下旬 "鹦鹉" 台风过程

时　　间：2008 年 8 月 19—23 日
地　　点：浙江省温州市
云天象：层积云、高积云，霞，下晖线

▲ 8 月 19 日 18 时 44 分晚霞红满天

▲ 8 月 21 日 06 时 20 分积云性层积云上晖线

▲ 8 月 22 日 17 时 12 分絮状高积云，呈波浪状

8 月 18—20 日，连续 3 天有晨雾，日出后抬升消失，持续高温高湿闷热晴天。

19 日，日落后满天红霞，将续 20 余分钟。"鹦鹉"台风在菲律宾以东海面上生成。21—27 日，日出日落接乌云，云状为高积云、积云性层积云及絮状云。

21 日日出，在积云性层积云云隙出现上晖线，短而不显目，视角宽度约 5°，持续时间为 06 时 10—20 分。有浅色霞云，后又出现不明显的短下晖线。

22 日 15 时后，有成片的双层高积云、絮状高积云，自东南向西移动，呈波浪状。23 日下午又重复出现。

25—26 日，台风登陆广东东部后，北上影响福建、浙江、上海。受"鹦鹉"台风外围气流影响，温州连续出现混乱天空、积云，27—28 日有阵性降水，雨量中等。浙江、上海有大暴雨。

5. 2008年9月中旬"森拉克"台风过程

时　　间：2008 年 9 月 9—15 日

地　　点：浙江省温州市

云天象：层积云，上、下晖线，霞

9月9—13日，持续高温、高湿、少云晴天。日出日落接乌云，云状为积云性层积云。9日、10日、13日，重复出现上晖线、暮气辉光条。

9日16时05分至17时，在积云性层积云顶出现上晖线光条，数条青白色晖线射向天空，清晰明显，视角宽度约10°。

10日，日出后在积云性层积云隙可见不明显的上晖线，"森拉克"台风在台湾以东洋面生成。16时后，断断续续出现上、下晖线，不太明显。

13日日出后，在层积云、碎积云中呈现朝霞。日落后出现暮气辉红霞光条，清晰明显地射向西南向。晚霞映红全天空，东向有堡状层积云。此后，台风北上影响福建、浙江。

受"森拉克"台风影响，14日夜间至15日，温州刮大风，普降大暴雨。此次台风的特点是移动速度慢、风力大、雨量大。最

▲ 9月10日07时25分积云性层积云上晖线

▲ 9月10日16时积云性层积云上晖线，隐约下晖线，有华

大降水量出现在台湾嘉义，一次性降水量达 1300 毫米，为历史罕见。瑞安、平阳、苍南达 100 ～ 200 毫米，最大为 300 多毫米。

◀ 9 月 13 日 18 时 14 分
暮气辉光条，青白红色相间

◀ 9 月 13 日 18 时 21 分
满天彩霞一角

◀ 9 月 13 日 18 时 17 分
东向，霞光、月下的堡状层积云

◆ 6. 2008 年 9 月下旬"蔷薇"台风过程

时　间：2008 年 9 月 25—29 日

地　点：浙江省温州市

云天象：卷云、高积云、层积云，上、下晖线

9 日 25—27 日，日出日落接乌云，云状为透光层积云和积云性层积云。

25 日，日出有积云性层积云。天亮后，有系统性层积云移动。16—17 时，在积云性层积云中出现上、下晖线。

26 日、27 日，日出后，东向有成片的层积云呈滚轴状自东北向西南方向移动。27 日，日落有红橙色云霞。"蔷薇"台风在台湾以东洋面上生成。

28 日，日出混乱天空。天亮后，有卷云，双层高积云、层积云，成片的絮状高积云自西南向东北方向移动。随后天气转阴。

▲ 9 月 28 日 07 时 47 分混乱天空

29 日，台风在台湾宜兰登陆，后转过台湾北上，沿福建沿海北上，影响温州地区，受台风与冷空气的共同作用，28 日夜至 29 日连续降水，雨量中等。

▶ 9 月 28 日 07 时 58 分卷云、絮状高积云（左），08 时 01 分絮状层积云（右）

◐ 7. 2010 年 8 月下旬"狮子山"台风过程

时　间：2010 年 8 月 27 日—9 月 2 日

地　点：浙江省温州市

云天象：层积云、高积云、积云，霞，上晖线

　　2010 年 8 月 27 日 05 时 56 分至 06 时 05 分，日出前出现曙气辉光条，一条粗宽、白里带微红色的气辉光条从日出处冲向天空，视角宽度约 50°，伴有积云、朝霞。06 时 02—24 分，日出后，在积云性层积云隙持续出现昼气辉上晖线光条，六七条青白相间的光条呈扇形射向空中，视

▲ 8 月 27 日 06 时 02 分早霞、上晖线光条

角宽度＞30°。28 日，"狮子山"台风在南海生成。

　　28—30 日，连续出现日出落接乌云，云状为积云性层积云、浅色云霞。30 日 16 时，再次出现上晖线，清晰明显，视角宽度＞30°。

　　31 日，上午台风属性积云发展。16 时后，出现混乱天空，有卷云、积云、絮状高积云、碎雨云等。

　　受"狮子山"台风影响，9 月 1—2 日，温州刮大风，下大雨。

◀ 8 月 28 日日出积云性
层积云，浅霞

◀ 8 月 31 日 16 时 34 分
混乱天空，东向碎雨云、
台风属性积云（上），西
向絮状高积云（下）

8. 2010年9月上旬"莫兰蒂"台风过程

时　间：2010年9月3—10日

地　点：浙江省温州市

云天象：层积云、积云，霞，上晖线

9月3—5日，温州持续高温炎热晴天，有晨雾。

6日，日出日落接乌云，云状为积云性层积云。16时后，在积云性层积云中出现上晖线，清晰可辨，持续20余分钟。

7日，有晨雾。日出太阳发红、发毛。

▲ 9月8日16时58分东向有台风属性积云

▲ 9月8日17时01—34分持续出现上晖线

8日，日出日落接乌云，云状为积云性层积云、堡状层积云。16时58分，东向有台风属性积云发展；17时01—34分，持续出现上晖线，数条青白杠光条冲向空中，清晰明显，视角宽度＞30°；18时02分日落西向积云性层积云、蔽光层积云后有红霞，北向出现堡状层积云。

9日傍晚至10日，受"莫兰蒂"台风影响，温州地区连续降中到大雨，刮大风。

▲ 9月8日18时02分积云性层积云霞

▲ 9月8日18时04分北向堡状层积云、台风属性积云

9. 2010 年 9 月中旬"凡亚比"台风过程

时　间：2010 年 9 月 19—23 日
地　点：浙江省温州市
云天象：高积云、积云、雨层云，霞，日华，上晖线

　　此次"凡亚比"台风是一次由热带气旋与北方冷空气相互交汇、共同作用所影响的过程。其生成、发展酝酿时间长，先兆性的云天象显现特别强烈，台风强度强，影响范围广，造成损失严重。

　　9 月 13 日，日出日落接乌云，云状为积云性层积云。16 时 10—30 分积云性层积云中出现上晖线，有华。

　　13—18 日，连续 6 日日出日落接乌云，云状为积云性层积云，持续高温炎热晴天。14 日、15 日、16 日、18 日出现曙昼气辉上晖线和霞、华，这与台风外围与冷空气交汇辐合作用有关。

　　14 日，有晨雾。06 时 37—55 分在晨雾中出现上晖线，宽的青白光条清晰明显，视角宽度约 15°。日落满天晚霞，呈深红色。

▲ 9 月 14 日 06 时 37—55 分晨雾，有上晖线

　　16 日，日出接乌云，云状为高积云。07 时 12 分出现浅色日华。07 时 05—40 分，有系统性高积云，呈絮状、滚轴状，自西南向东北方向移动，傍晚有阵雨。"凡亚比"在台湾以东洋面生成。

▲ 9 月 14 日 18 时 13 分，日落红霞满天顶

18日，有曙气辉光条。日出有橙黄色云霞。06时07—35分，在积云性层积云隙出现上晖线光条，数条宽青白色光条清晰明显，"上挂胡子"形象逼真，持续半个小时，视角宽度＞30°。

19日，日出有深红色云霞。06时05—58分，在积云性层积云上呈现数条青白相间的宽光条，清晰可辨，持续近1个小时。16时后，出现台风临近的混乱天空，出现台风属性积云、积云性层积云、碎积云、高积云。

"凡亚比"台风登陆台湾，强度特强，最大风力达17级，降特大暴雨，最大降水量达1000毫米以上。台湾遭受严重灾害，经济损失严重。

▲ 9月16日07时12分浅色日华，不明显上晖线

20日，台风穿过台湾中部，越过台湾海峡北上，在福建漳浦登陆，中心风力13级，一路西行影响江西、广东、广西。

受"凡亚比"台风影响，20日、21日温州下大暴雨，过程降水量39～139毫米，南部大，北部小。局地发生泥石流。广东、广西暴雨成灾，造成多处山洪、泥石流。

▲ 9月16日07时05—20分系统性絮状高积云

◀ 9 月 18 日 06 时 07—35 分有
上晖线青白光条

◀ 9 月 19 日 06 时 17 分红霞云，
有上晖线

◀ 9 月 19 日 16 时 40 分混乱天
空，有台风属性积云、碎雨云

● 10. 2011年7月上旬南海热带低压过程

时　间：2011年7月2—11日

地　点：浙江省温州市

云天象：层积云、积云，霞，华盖，下晖线

　　7月2日，日落接乌云，云状为高积云。19时左右出现晚霞云，由橙黄色演变为浅红、深红、褐红色，漫过天顶，持续5分多钟。

　　3日，日出浓雾，有华盖。至9日，连续7天有晨雾。高温、高湿闷热晴天。日落接乌云，云状为

▲ 7月2日日落晚霞

积云性层积云。6日日落有橙红色霞云。9日傍晚，在积云性层积云中出现下晖线，一条宽白色光条射向西南。

　　10日、11日，日落前混乱天空。东南方向有堡状层积云、台风属性积云发展，伴有碎云。受南海低压影响，11日、12日连续降水，雨量中到大雨。

▲ 7月3日06时12分雾、华盖

◀ 7月11日16时36分东向堡状层积云，伴有碎云

♠ 11. 2011 年 7 月中旬 "马鞍" 台风过程

时　间：2011 年 7 月 15—18 日
地　点：浙江省温州市
云天象：积云、层积云，上晖线

　　7 月 15—18 日，持续高温、高湿、炎热天气，日出日落有积云、积云性层积云。

　　15 日 16 时后，东至东北向有台风属性积云发展，伴有碎云。日落积云性层积云，隐约可见灰白色宽条下晖线。

　　16 日，日出接乌云，云状为积云性层积云。15 时后，东至东北向有台风属性积云、堡状层积云发展。

　　17 日，15 时之后，东至东北向出现堡状层积云、台风属性积云。

　　18 日，日落接乌云，云状为积云性层积云，有隐约上晖线。

　　受 "马鞍" 台风与锋面天气影响。17 日夜间至 18 日上午、18 日夜间至 19 日，温州连续性降水，大雨。

◀ 7 月 15 日 16 时 44—49 分东北向台风属性积云

◄ 7 月 15 日日落积云性层积云，有不明显下晖线

◄ 7 月 17 日 15 时 40 分东至东北向堡状性层积云、台风属性积云

◄ 7 月 18 日日落积云性层积云，隐约上晖线

◆ 12. 2011 年 7 月下旬 "洛坦" 台风过程

时　间：2011 年 7 月 25—30 日
地　点：浙江省温州市
云天象：积云、层积云，霞，下晖线

　　2011 年 7 月 25—28 日，日出日落接乌云，云状为高积云、积云性层积云。有晨雾。

　　25 日 08 时 09 分，有成片的透光高积云自西南向东北方向发展，呈波状，少量絮状。

　　26 日，日出日落有云霞，由浅红至深红，太阳发红。

　　27 日，日出混乱天空。日落时东向有堡状层积云。

　　28 日，日出混乱天空。05 时 58 分至 06 时 10 分在积云性层积云隙出现下晖线。16 时 06 分至 18 时 34 分东向出现台风属性积云、橙色堡状积云。

　　受 "洛坦" 台风外围影响，29 日、30 日温州有阵性降水，雨量中等。

▲ 7 月 25 日 08 时 09 分西南方向透光高积云，呈波浪状

◀ 7 月 28 日 06 时 02 分
积云性层积云，云霞，
下晖线

◀ 7 月 28 日 16 时 26 分
台风属性积云

◀ 7 月 28 日东向橙色堡
状积云

▲ 13. 2011 年 8 月下旬 "南马都" 台风过程

时　间：2011 年 8 月 25—29 日

地　点：浙江省温州市

云天象：层积云、积云、卷云，上晖线，霞

2011 年 8 月 25—28 日，日出日落接乌云，云状为积云性层积云。持续高温、高湿晴天。

27 日，早晨出现曙气辉光条。日出后，06 时 05 分在积云性层积云的红橙色霞云中出现了上晖线，数条青白相间的宽光条晖线射向天空，清晰可辨，持续约 20 分钟，视角宽度＞30°。

▲ 8 月 27 日 06 时 05 分上晖线

28 日 17 时，混乱天空，有卷云、积状云，东向有台风属性积云发展，有晚霞。

▲ 8 月 28 日 17 时东向台风属性积云发展

29 日，日出混乱天空。在卷云、积云中，出现云霞，霞云漫过天顶。有成片的积云性层积云呈絮状、波状，自东南向西北方向移动，预示台风临近。日落混乱天空。

受 "南马都" 台风影响，29 日 20 时至 30 日 14 时，温州普降中到大雨，局地暴雨，全市有 23 个乡镇出现了 100 毫米以上大暴雨、刮大风。

▲ 8 月 29 日 05 时 46 分，混乱天空的云霞，漫过天顶

 14. 2013 年 8 月下旬"潭美"台风过程

时　间： 2013 年 8 月 14—23 日
地　点： 浙江省温州市
云天象： 积云、层积云、高积云、雨层云，上、下晖线，霞

　　8 月 14—20 日持续高温、高湿天气。

　　18—21 日，日出日落接乌云，有台风属性积云、积云性层积云。18 日日落出现云霞。

　　19 日，日出有高积云、层积云，浅红色云霞；日落混乱天空。

　　20 日，日出混乱天空，东向有积云性层积云。天顶有卷云、高积云。日落前在积云性层积云上呈现两条宽大上晖线光条：一条为红橙色，射向西南向；另一条为青白色，射向西北向，特别明显，视角宽度 > 30°，约持续 20 分钟。台风生成。

　　21 日，日出混乱天空，有积云性层积云，碎雨云，天顶有絮状高积云。06 时 45 分至 07 时 05 分有下晖线灰白色宽光条，呈扇形下射，视角宽度约 20°。

　　受台风影响，温州 21 日全天阵性降水，夜间雨势加强。22 日连续降水。23 日 02 时 40 分左右，"潭美"台风在福建省福清市登陆，登陆中心风力 12 级。温州刮大风下暴雨。"潭美"台风的特点是：降水量大，过程降水量 102 ～ 156 毫米，最大降水量出现在文成县，为 157 毫米；降水持续时间长，持续降水超过 3 天，缓解了伏期干旱现象。

◀ 8 月 19 日日出霞云

◀ 8 月 20 日日出混乱天空，
07 时 50 分出现上晖线

◀ 8 月 21 日日出混乱天空，
06 时 50 分出现下晖线

15. 2013 年 9 月下旬 "天兔" 台风过程

时　间：2013 年 9 月 17—22 日
地　点：浙江省温州市
云天象：高积云、层积云，上晖线

　　9 月 17—21 日，连续 5 天日出日落接乌云，云状为高积云、积云性层积云，或混乱天空。因为此次过程是台风与冷空气共同影响而为之，所以混乱天空、上晖线、絮状高积云、絮状层积云反复出现。

　　17 日，日出后，有成片的絮状高积云，自东南向西北方向移动，兆示台风外围有不稳定气流。16 时 01—30 分积云性层积云上有上晖线，青白色宽光条清晰可辨。

　　18 日，15 时 01—30 分积云性层积云中出现不明显的上晖线，时隐时现。

　　19 日，日出混乱天空。上午系统性层积云自东南向西北向移动，少量絮状层积云。16 时后，在积云性层积云中出现下晖线，预示冷空气影响。

▲ 9 月 17 日 06 时 25 分絮状高积云、絮状层积云由东南向西北方向移动

20日，日出混乱天空。之后有成片的絮状高积云、絮状层积云，自东北向西南方向移动，预示辐合带形成。

21日，日出混乱天空。

22日19时，"天兔"台风在广东省汕尾市、陆丰市登陆。受台风与冷空气共同影响，温州普降连续性、阵性大雨，过程雨量50～70毫米，市区56毫米。

▲ 9月17日16时01—30分积云性层积云，上晖线

▲ 9月20日日出后有絮状高积云系统性由东北向西南方向移动

☁ 16. 2013 年 10 月上旬 "菲特" 台风过程

时　间：2013 年 10 月 4—6 日
地　点：浙江省温州市
云天象：高积云、层积云、卷云，云堤，上、下晖线

　　10 月 4 日，日出前出现曙气辉光条，兆示台风在西太平洋东部海面上生成。

　　5—7 日，日出日落接乌云，云状为高积云、积云性层积云，连续混乱天空。

　　5 日，日出混乱天空，积云性层积云、卷云及少量碎云；东南向有少量絮状高积云。出现浅色云霞。下午东南向出现少见的云堤。15 时 31 分天顶出现罕见奇异的絮状高积云。15 时 30 分之后，在积云性层积云间隙，呈现断断续续的上晖线和下晖线光条，或单条，或成片宽条，清晰可辨，持续约 1 小时。

　　6 日，日出混乱天空，转阴，夜里刮风下雨。7 日 01 时，"菲特"台风在福建省福鼎市沿海登陆。受其直面侵袭，温州刮大风、下暴雨。

　　此次台风特点：一是强度强，风力大。登陆中心风力预报为

◀ 10 月 5 日 15 时
31 分云堤

14 级，实测风力超过 17 级。二是降水集中，6 日、7 日两天雨量特大，温州全市平均降水量 228 毫米，有 33 个水文、气象站的过程降水量超过 400 毫米；最大的瑞安十亩田水库站达 492 毫米。温州瑞安市区街道积水约 30 厘米深。

◀ 10 月 5 日 15 时 31 分天顶絮状高积云

◀ 10 月 5 日 15 时 30 分积云性层积云晖线光条

◀ 10 月 6 日 07 时 07 分混乱天空，蔽光层积云

（三）副热带高压进退的锋面气旋天气

夏至以后，南方出梅入伏，随着副热带高压的北抬西伸，逐渐地将季风雨带由江南向江淮、黄淮、华北、西北地区推移，南方进入伏期、少雨多台风期，多对流性天气。北方随着季风雨带和锋面气旋天气的影响，进入雨季汛期。秋季9月、10月以后，随着副热带高压减弱南退，季风雨带渐渐南撤，带来南方的秋汛与连阴雨天气。这种季风气旋和雨带的北进南撤，都会给当地带来各种锋面切变、低温、气旋天气过程和云状、天气现象。

1. 2008 年 7 月上旬对流性降水过程

时　间：2008 年 7 月 7—9 日
地　点：浙江省温州市
云天象：积云、层积云，上晖线，霞

　　小暑之后，进入伏期，温州多台风和对流性天气影响。7 月 7 日（小暑）、8 日，日出日落接乌云，云状为积云、积云性层积云。

▲ 7 月 7 日 06 时 39 分积云性层积云上晖线

　　7 日，日出后 06 时 30—40 分，在积云性层积云顶现上晖线，青白光条清晰可辨，08 时 44 分又出现下晖线。15 时 27 分在积云性层积云隙出现下晖线。日落有积云性层积云、红霞。东至东北向有积云、堡状云、碎云发展旺盛。

　　8 日，重复出现前一天的云状、天象。早晚云霞、下晖线清晰持续。

　　受低压和副热带高压边缘辐合气流影响，7 日、8 日、9 日，温州夜里连降雷阵雨，雨量中等。

▲ 7 月 7 日 18 时 48 分积云性层积云、云霞

▲ 7 月 7 日日落东至东北向积云、堡状云

2. 2009 年 6 月下旬降水过程

时　间：2009 年 6 月 21 日
地　点：上海市闵行区
云天象：高积云，日华，霞

6 月下旬之后，副热带高压和锋面雨带逐渐北移，影响上海、江苏、安徽、湖北等江淮地区。

▲ 6 月 21 日 06 时 22 分高积云、日华、云霞

6 月 21 日，上海市闵行区日出接乌云，云状为透光高积云，呈波状，有日华、云霞。06 时后有系统性絮状高积云自西南向东北移动发展。日落加厚为蔽光云。夜间下雨，全市降水量 10～30 毫米，最大值出现在闵行之西松江，为 65 毫米。

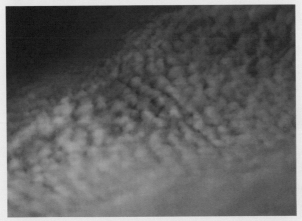

▲ 6 月 21 日 06 时 35 分絮状高积云自西南向东北移动

3. 2009 年 8 月上旬对流降水过程

时　间：2009 年 8 月 1—5 日
地　点：浙江省温州市
云天象：层积云，下晖线，霞

　　8 月 1—3 日，日出日落接乌云，云状为积云、积云性层积云。有云霞。

　　3 日 17 时后，在积云性层积云下出现大片的下晖线灰白色宽光条，清晰可辨，持续约 20 分钟。东至东北向有积云旺盛发展，北向出现堡状层积云。日落有橙黄色云霞。

　　受雨带锋面南缘辐合气流与低压影响，3 日夜里开始降雷阵雨。4 日、5 日连续下雷雨，过程降水量 50 ～ 100 毫米，其中乐清、永嘉、瑞安、平阳测得降水量 180 ～ 110 毫米。6 日浙北、上海下大暴雨。

▲ 8 月 3 日 17 时 10 分积云性层积云下晖线

▲ 8 月 3 日 17 时 08 分东向积云发展

◄ 8 月 2 日 17 时 11 分北向堡状层积云、碎云

☁ 4. 2009 年 9 月中旬降水过程

时　间: 2009 年 9 月 13—15 日

地　点: 上海市闵行区

云天象: 高积云、层积云,上晕线

9 月 13—15 日,日出日落接乌云,云状为高积云、层积云。

13 日,日出后 06 时 30 分有系统性絮状高积云自西向东移动,持续 1 个小时。

14 日,日出后,在高积云、层积云隙中透射出不明显的上晕线。

15 日多云转阴。16 日阴。17 日有连续性小到中雨。

▲ 9 月 13 日絮状高积云(左:06 时 41 分;右:06 时 50 分)

▲ 9 月 14 日日出后积云性层积云上晕线

5. 2009 年 9 月下旬降水过程

时　间：2009 年 9 月 19—27 日
地　点：上海市闵行区
云天象：卷云、高积云，日华，霞

　　9 月 19—20 日，日出日落有卷云、高积云。

　　20 日，日落混乱天空，有卷云、双层高积云，呈絮状，有日华、云霞。

　　受锋面影响，21 日、22 日连续性降水。

　　25 日，日出之后 07 时 15—35 分有系统性絮状高积云自西南向东北方向移动。26 日重复出现系统性絮状高积云。27—29 日，有阵性降水，随着锋面雨带的南移，9 月 30 日—10 月 1 日，出现连续性降水，中雨。

▲ 7 月 20 日 17 时 55 分双层高积云，有红橙色云霞

▲ 9 月 25 日 07 时 15 分絮状高积云

▲ 9 月 26 日上午絮状高积云

6. 2009 年 10 月上旬降水过程

时　间：2009 年 10 月 4—6 日
地　点：上海市闵行区
云天象：高积云，霞

　　10 月 4 日 16 时许，有成片的高积云自西向东方向移动，呈波浪状、絮状。日落高积云，有橙色云霞。

　　5 日、6 日重复出现上述云天象。8 日、9 日阴，有阵性降水。

▲ 10 月 6 日高积云呈波浪状（左）和絮状（右）

▲ 10 月 6 日日落高积云，有红橙色云霞

7. 2010 年 7 月上旬雨带锋面降水过程

时　间： 2010 年 7 月 7—14 日

地　点： 上海市闵行区

云天象： 卷层云、卷云、高积云、层积云，霞

　　7 月 7—8 日，日出日落卷层云、毛卷云，太阳发红毛，水汽充足。

　　9 日、10 日，日出日落接乌云，云状为双层高积云、层积云，呈絮状。10 日日出混乱天空，有积云性高积云、层积云，少量碎云。

　　7 月 11—13 日持续阴雨过后，14 日间歇开天，傍晚日落接乌云，云状为双层高积云、

▲ 7 月 8 日卷层云，太阳发红毛

层积云，北向有成片的絮状高积云发展。18 时 18 分日落时，有浅橙色云霞，出现不明显的上晖线光条。

　　受雨带锋面天气过程影响，上海有连续性降水，11—14 日持续阴雨天气，雨量中到大雨，江南出现洪涝，武汉降水量达 560 毫米。

▲ 7 月 9 日 06 时 50 分絮状高积云

◀ 7 月 10 日 06 时 56 分
混乱天空

◀ 7 月 14 日傍晚北向成
片絮状云发展

◀ 7 月 14 日 18 时 18 分
混乱天空，有晚霞

● 8. 2010 年 7 月下旬降水过程

时　间：2010 年 7 月 22—25 日

地　点：上海市闵行区

云天象：高积云、层积云，混乱天空，上晖线，霞

　　受雨带进退摆动影响，7 月 22—25 日，日出日落接乌云，云状为高积云、层积云。

　　22 日，日落层积云中有较明显的上晖线，浅橙色云霞。

◀ 7 月 22 日 18 时 20 分上晖线，橙色云霞

　　23 日、24 日，日出后 07—08 时，有成片系统性高积云自西南向东北移动。14—16 时，有成片的絮状高积云发展。积云发展旺盛。

　　25 日 07 时，日出混乱天空，有絮状云、碎云。下午阵性降水之后转入连续性降水，至 26 日。

▲ 7 月 23 日 14 时絮状高积云发展

▲ 7 月 25 日 07 时混乱天空，絮状云、碎云

● 9. 2010 年 8 月下旬对流性阵雨过程

时　间：2010 年 8 月 21—23 日
地　点：浙江省温州市
云天象：层积云、积云，上晖线，霞

　　8 月 21—23 日，日出日落接乌云，云状为层积云、积云。

　　21 日，17 时 35—50 分，在积云性层积云顶部出现上晖线，两道青白色宽光条射向天空，清楚醒目，视角宽度＞30°，有霞云。东向有积云发展。夜里有阵性降水。

　　22 日，16 时 00—25 分在积云顶部出现上晖线，青白色光条清楚明白。

▲ 8 月 21 日 17 时 44 分积云性层积云上晖线

　　23 日，日出混乱天空，有絮状高积云及少量碎云，傍晚至 24 日上午，连续性降雨，雨量中等。

▲ 8 月 21 日 17 时 44 分东向积云发展

▲ 8 月 22 日 16 时 20 分积云性层积云上晖线

10. 2010 年 10 月上旬连续小雨过程

时　　间：2010 年 10 月 2—11 日

地　　点：浙江省温州市

云天象：高积云，霞

▲ 10 月 3 日 16 时 38 分絮状高积云

▲ 10 月 4 日 16 时 46 分絮状高积云

▼ 10 月 9 日 07 时 14 分絮状高积云

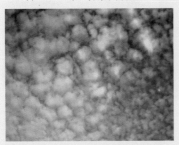

10 月 2—7 日，每日日出日落接乌云，云状为高积云。13—14 时，都有成片的高积云，呈波状、絮状，自西南向东北方向移动。

7 日下午高积云增厚蔽光，夜里下小雨，降水量为 6.9 毫米。

10 月 9 日，日出接乌云，云状为高积云。07 时后，系统性高积云呈絮状，由西南向东北方向移动。日落高积云，见橙色云霞。

受冷空气和锋面的缓慢移动影响，10 日、11 日间歇性小雨。

◄ 10 月 9 日 16 时 49 分高积云呈絮状、波状，有橙色云霞

11. 2010 年 11 月中旬小雨过程

时　间： 2010 年 11 月 12—15 日
地　点： 浙江省金华市
云天象： 高积云，霞

11 月 12 日，16 时以后，有系统性絮状高积云呈波状，自西南向东北移动。日落接乌云，云状为高积云，有浅黄色云霞。

13 日日落前，有系统性高积云自西南向东北方向移动，日落高积云，出现晚霞，红遍大半个天空。

14 日，日出接乌云，云状为高积云，之后逐渐加厚蔽光。山上"云戴帽"。受冷空气和锋面影响，15 日、16 日连续性降水，小雨。

◀ 11 月 12 日 16 时 35 分絮状高积云，呈波浪状

◀ 11 月 13 日日落晚霞

12. 2011 年 7 月下旬强雷暴天气过程

时　间：2011 年 7 月 22—23 日

地　点：浙江省温州市

云天象：高积云、层积云、积云，华盖，霞，下晖线

　　7 月 22 日，日出有浓雾，07 时后出现华盖。整日晴，高温、高湿、闷热。日落接乌云，云状为高积云、层积云；有晚霞，由橙色演变为褐红色，漫过天顶。

　　23 日，日出接乌云，云状为高积云、层积云，呈扇形辐射状。下午积云发展，日落混乱天空，东向积云发展旺盛。夜里出现锋面辐合强对流雷暴天气，西南向强雷暴暴雨，电闪雷鸣，雷声震耳，闪电触地，导致铁路设备故障。

▲ 7 月 22 日日出浓雾

▲ 7 月 22 日 07 时华盖

◀ 7 月 22 日日落、晚霞，红橙色演变为褐红色

◀ 7 月 23 日日出高积云，呈辐散、波浪状，有下晖线

◀ 7 月 23 日 16 时 30 分东向积云发展旺盛

13. 2011 年 8 月上中旬雷雨过程

时　间：2011 年 8 月 6—9 日
地　点：浙江省温州市
云天象：层积云、卷积云、高积云，下晖线，霞，华盖

8 月 6 日，日出接乌云。17 时后，积云性层积云里出现下晖线，宽大灰白色光条射向山背，不太醒目，视角宽度＞30°，持续 20 分钟。日落东向有红霞积云发展。

7 日，日出接乌云，云状为高积云。日出后，有成片的卷积云、絮状高积云移动发展。

8 日、9 日，日出有晨雾、华盖。10 日、11 日、12 日傍晚均出现雷阵雨，其中 12 日雨量较大。

▲ 8 月 6 日 17 时 24 分积云性层积云下晖线

▲ 8 月 6 日日落东向有红霞积云发展

▲ 8 月 7 日 06 时 44 分成片的卷积云、絮状高积云

14. 2011 年 9 月末大雨过程

时　间： 2011 年 9 月 27—28 日

地　点： 浙江省温州市

云天象： 高积云、层积云，日华，下晖线

　　9 月 27 日、28 日，日出日落接乌云，云状为高积云、层积云。

　　27 日，06—10 时，有系统性高积云自西南向东北方向移动，呈波浪状，有日华。下午，云层加厚蔽光。

　　28 日，15 时后，积云性层积云隙出现明显的下晖线光条，灰白色相间的宽光条直射到地面，清晰可辨，视角宽度＞30°，持续 20 多分钟。

　　受南下冷空气和锋面影响，29—30 日有连续性降水，10 月 1 日凌晨出现强雷阵雨，过程降水量为大雨，市区积水，乐清、永嘉雨量最大。

▲ 9 月 27 日 07 时高积云呈波浪状，有日华

▲ 9 月 28 日 15 时 24 分积云性层积云下晖线

15. 2011 年 11 月上旬中雨过程

时　间：2011 年 11 月 3—9 日
地　点：浙江省温州市
云天象：高积云、层积云，下晖线

11 月 3—6 日，日出有大雾，为锋前雾。受副热带高压增强影响，连续升温、增湿。日出日落接乌云，云状为高积云、层积云，有系统性高积云自西南向东北方向移动，呈絮状。

6 日，15 时后，在积云性层积云隙呈现醒目的下晖线，数条灰白相间的宽光条，呈倒扇形直射到脚，视角宽度 > 30°，清晰明显。北向有积云发展。

7 日，日出现乌云，高积云、层积云发展加厚蔽光，下午转阴，夜里一整夜下雨，8 日、9 日连续性降水、中雨。

▲ 11 月 3 日日出大雾

▲ 11 月 3 日 09 时 58 分高积云呈絮状

▲ 11 月 5 日高积云呈絮状

◀ 11 月 6 日 15 时 30 分积云性层积云下晖线

16. 2011 年 11 月中旬中雨过程

时　间： 2011 年 11 月 11—19 日
地　点： 浙江省温州市
云天象： 高积云、卷层云，华盖

　　11 月 11—13 日，连续 3 日日出日落接乌云，云状为高积云、层积云。12 时许，有系统性高积云自西南向东北方向移动，呈絮状、波状。

　　14 日，日出日落太阳发红毛，有卷层云，出现日华盖。

　　15 日、16 日，有雾，天气转阴，夜里下雨。17—19 日，连续性降水。温州降水量 16 毫米。

◀ 11 月 11 日絮状高积云

◀ 11 月 14 日日出红华盖

● 17. 2011 年 11 月下旬中雨过程

时　间： 2011 年 11 月 28—30 日

地　点： 浙江省温州市

云天象： 卷云、高积云、层积云，日华，霞，下晖线

11 月 28—30 日，日出日落接乌云，云状为高积云、层积云。

28 日，15 时后，有系统性絮状高积云，自西南向东北方向移动。日落卷云、高积云，太阳发毛，有云霞、日华。

▲ 11 月 28 日 15 时 54 分絮状高积云

29 日，日出接乌云，云状为高积云、层积云，有橙色云霞。上、下午均在层积云隙呈现明显的下晖线，一大片灰白色光条下射，视角宽度约 10°。

30 日，15 时又重复出现层积云下晖线，比前一日更为清晰明显，长度视角宽度约 20°，直射到地面，持续 20 余分钟。日落蔽光高积云。

▲ 11 月 28 日 15 时 59 分卷云、高积云，太阳发毛，有日华

夜里下阵性强中雨。12 月 1 日、2 日阴天，降温。

▲ 11 月 29 日日出高积、层积云，有云霞

▲ 11 月 29 日 15 时 13 分层积云下晖线

18. 2012 年 8 月末降水过程

时　间：2012 年 8 月 28 日—9 月 1 日

地　点：北京市

云天象：卷云、卷积云、高积云、雨层云，霞

8 月 28—30 日，日出有雾、霾。白天有系统性卷云、卷积云由西南向东北向发展，呈波状、羽毛状，日落时太阳发红毛。

▲ 8 月 30 日 11 时系统性卷云、卷积云，呈波状、羽毛状

31 日，日出接乌云。07 时起有系统性高积云，呈絮状、波状，自西南向东北向移动发展。下午加厚为蔽光高积云。

9 月 1 日，日出接乌云，系统性高积云加厚为蔽光高积云、雨层云。夜里下雨。受锋面雨带影响，2 日有连续性降水，降水量 48 毫米。傍晚开天放晴，有荚状高积云、晚霞。

▲ 8 月 30 日卷层云，太阳发红毛

▲ 8 月 31 日 07 时 00—30 分典型大块絮状高积云

19. 2013 年 8 月下旬雷雨过程

时　　间：2013 年 8 月 30—31 日
地　　点：四川省成都市
云天象：高积云，日华，霞

　　8 月 30 日，日出接乌云，云状为高积云，出现浅橙黄色云霞，有日华。08 时许有成片系统性高积云自西南向东北方向移动，呈波浪状，中午 11 时呈絮状。

　　31 日，日出接乌云，云状为高积云满天，后加厚为蔽光高积云、积雨云。16 时后有雷阵雨，中雨。

▲ 8 月 30 日 07 时 30 分日华、云霞

▲ 都江堰 8 月 30 日 08 时系统性高积云，呈波浪状

◀ 都江堰 8 月 30 日 11 时演变为絮状高积云

● 20. 2013 年 11 月上旬小雨过程

时　　间：2013 年 11 月 2—3 日

地　　点：浙江省温州市

云天象：高积云，云堤

　　10 月 29 日 16 时后，有系统性高积云由西向东移动，呈波浪状，有云堤。日落乌云。

　　30—31 日，日出日落接乌云。受冷空气与锋面影响，11 月 2—3 日，有连续性小雨。

◀ 10 月 29 日 16 时 45 分日落高积云呈波浪状

◀ 10 月 29 日云堤

21. 2014 年 9 月中旬降水过程

时　间：2014 年 9 月 8—11 日
地　点：北京市、河北省保定市
云天象：毛卷云、高积云、层积云，霞，上晖线

9 月 8 日，16 时后，有系统性毛卷云、高积云自西南向东北移动。日落高积云。

9 日，日出日落接乌云，云状为高积云。10 时后有系统性高积云自西南向东北移动，北向呈絮状。日落有云霞。

10 日，日出混乱天空，07 时 25 分有积云性层积云，有浅色云霞，隐约可见不明显上晖线。西方有絮状层积云发展。日落接乌云。

11 日阴，有阵性降水，保定固城中雨，北京小雨。

◀ 保定 9 月 10 日日出混乱天空，有云霞、不明显上晖线

◀ 保定 9 月 10 日 07 时 25 分西向絮状层积云发展

22. 2015 年 8 月上旬大暴雨过程

时　间: 2015 年 8 月 1—6 日

地　点: 四川省西昌市、雅安市、乐山市

云天象: 卷云、卷层云、高积云、层积云、雨层云,下晖线,月华

8 月上旬,副热带高压西伸,雨带挺进川西、北地区。受高空低槽暖湿空气影响,8 月 1—3 日,持续高温、高湿、闷热天气。日出日落接乌云,云状为高积云、层积云。

1 日,日出有雾。09 时在高积云、积云性层积云中出现下晖线,数条灰白色光条直射到脚,清晰可见,表示此时处于辐合上升气流之中。夜间乌云(高积云、层积云)遮月,有小月华,清晰明亮。

2 日,日出后 09 时 15—35 分,持续在高积云、层积云里出现下晖线,10 余条宽灰白色光条呈倒扇形射到湖面,清晰醒目,层次分明,视角宽度>30°。

▲ 西昌 8 月 1 日 09 时下晖线

▲ 西昌 8 月 1 日 20 时 00—30 分乌云遮月,小月华

3 日,日出太阳发红毛,有卷云、卷层云,伴有积云。09—10 时有系统性絮状高积云自西南向东北移动,随后满天高积云蔽光增厚为雨层云。

受高空低槽与冷空气共同影响，雅安、乐山、西昌等地先后普降大暴雨。其中雅安为入汛后最强降水过程，有5个站的过程降水量达150～200毫米；17个站达100～150毫米。乐山有56个站

▲ 西昌8月2日09时15—35分层积云下晖线

达50毫米以上；5个站点达100毫米以上，江麻坪最大降水量188毫米。

◀ 乐山8月3日日出卷层云

◀ 乐山8月3日09—10时系统性絮状高积云向东北移动

▲ 23. 2016 年 7 月下旬大雨天气过程

时　　间：2016 年 7 月 23—24 日
地　　点：甘肃省兰州市
云天象：毛卷云、高积云，霞

　　7 月 23 日 10 时，有系统性毛卷云自西北向东南方向发展。下午有系统性高积云移动，天顶出现少量絮状高积云，随后云层加厚。日落有浅黄色云霞，雷雨云发展。夜里有雷雨。至 24 日兰州普降大雨，有 10 个站的降水量超过 50 毫米，最大降水量出观在永登大沙沟，为 97 毫米，刷新 5 年同期极值纪录。全省阴有雨。

▲ 7 月 23 日 10 时 20 分系统性毛卷云自西北向东南方向发展

◀ 7 月 23 日天顶少量絮状高积云

◆ 24. 2017 年 11 月下旬中雨过程

时　　间：2017 年 11 月 28—30 日
地　　点：浙江省温州市
云天象：高积云、层积云，云堤，日华，霞

　　11 月 28 日，日出接乌云，云状为高积云，形成云堤，出现日华。10 时有系统性高积云呈絮状、滚轴状，自西南向东北方向移动。日落接乌云，双层高积云、层积云，出现红橙色云霞，布满全天，为锋前之霞。

　　受冷空气与锋面影响，29 日、30 日，连续性下中雨。

▲ 11 月 28 日 10 时高积云云堤，有日华

▲ 11 月 28 日 10 时 17 分絮状高积云

▶ 11 月 28 日 17 时 05 分絮状高积云，云霞布满全天

25. 2021年7月下旬中雨过程

时　　间：2021年7月23—24日

地　　点：甘肃省兰州市

云天象：高积云，霞

　　7月23日，日出日落接乌云，云状为高积云，有早霞。08—09时，有系统性高积云由东向西移动，呈波状，少量絮状。

　　24日上午，有系统性高积云由西南向东北方向移动，呈波状，少量呈絮状。日落云层加厚。25日出现连续性降水，中雨。26日阴。

◀ 7月23日高积云由东向西移动，呈波状，少量絮状

◀ 7月24日系统性高积云由西南向东北方向移动、加厚

四、冬季记录

寒潮降温锋面雨雪天气

在气候学上以 12 月、1 月、2 月为冬季；在农历上是以立冬至大寒为冬季。而实际的地区气候变化则由北向南逐渐进入冬季。在欧亚大陆高压控制下，气候干冷。频繁爆发的寒潮、侵袭南下的冷空气时常带来大风降温并伴随锋面雨雪冰冻天气；同时，由于锋面的静止或缓慢移动，常给南方或西南地区造成持续的低温、阴雨与冰雪天气。

1. 2007 年 12 月下旬寒潮降温过程

时　间：2007 年 12 月 27—29 日

地　点：浙江省温州市

云天象：高积云，霞

　　12 月 27 日，日出接乌云。15 时许，有系统性高积云，呈絮状，自西南向东北方向移动。傍晚日落接乌云，云状为高积云，有红棕色云霞。

　　受寒潮冷空气和干冷锋面影响，28 日、29 日阴，有零星小雨，降温、刮风。

▲ 12 月 27 日 16 时 04 分絮状高积云

▲ 12 月 27 日 16 时 50 分日落高积云，晚霞

● 2.2008 年 1 月罕见强寒潮持续低温阴雨雪冰冻天气过程

时　间： 2008 年 1 月

地　点： 浙江省温州市^①

云天象： 高积云、层积云，霞，日华，下晖线

　　1 月中旬起，持续近 1 个月的强寒潮、低温、阴雨雪、冰冻天气持续时间之长、强度之强、影响范围之广，均十分罕见。反映在天气过程中的云天象特点是：持续反复地出现日出日落接乌云；出现系统性高积云，呈絮状、波状、滚轴状；有雾、华、云霞，预示着冷空气不断补充影响，与锋面气旋的交汇缓动静止。

　　1 月 3 日，受冷空气入侵影响，温州出现入冬以来最低气温，有霜冻。

　　4—11 日，连续重复出现日出日落接乌云，云状为高积云、层积云，有云霞。4 日、6 日 14—16 时，有系统性高积云，呈絮状、波状、滚轴状，自西南向东北方向移动，有日华。

　　8 日、9 日日出有大

▲ 1 月 4 日 08 时 29 分高积云、层积云，有云霞

▲ 1 月 4 日 14 时 38 分系统性高积云呈絮状、波浪状，有日华

---

① 记录地点为温州市，但此次天气过程影响了我国大部分地区。

雾。8日，11时大雾消散后，高积云隙断断续续地出现不明显的下晖线灰白色光条，射向西南方。日落接乌云，云状为高积云，出现日华、云霞。

温州从1月12日开始不断地降温，间歇下雨，开天又闭光，低温阴雨一直持续到2月9日，室内温度维持在7℃以下。温州人称之谓"棺材天"，阴森寒冷。

当月，受强寒潮冷空气不断补充侵袭与锋面气旋静止或缓慢移动影响，我国自北向南先后于甘肃、陕西、河南、安徽、湖北、湖南、江西、江苏、上海、浙江、四川、重庆、贵州、广西等地，出现了罕见的持续低温冰冻灾害天气。其中，安徽、湖南郴州、贵州东南、江西抚州、湖北武汉有大雪、暴雪、冰冻天气。

▲ 1月6日系统性高积云由西南向东北方向移动，呈滚轴状

▲ 1月8日11时04分大雾消散后高积云隙下晖线灰白光条

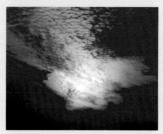

▲ 1月8日16时09分有日华、云霞

● 3. 2010 年 12 月中旬寒潮降温降水过程

时　间： 2010 年 12 月 12—13 日

地　点： 海南省三亚市

云天象： 高积云、层积云，日华，霞

12 月 12—13 日，日出日落接乌云，云状为高积云、层积云，有云霞。

14 日，日出高积云、层积云，太阳发红毛，有云霞、日华。南山云雾"戴帽"。09 时后，有系统性高积云呈絮状、波状、滚轴状，自西北向东南方向移动，延续到下午日落前。日落接乌云，云状为层积云，有云霞。东向有双层高积云，上层为透光高积云，呈波状，下层为堡状层积云。

受北方强冷空气寒潮南下和锋面影响，海南省三亚市连续刮风降温下雨，雨量中等，三亚出现入冬以来最低气温（10℃以下）。以北至广东、广西普降中雨，湖北、湖南、江西、浙江等地下大雪。

▲ 12 月 14 日 07 时 18 分高积云、层积云，有日华、云霞

▲ 12 月 14 日 16 时 58 分高积云呈波状、絮状

▲ 12 月 14 日 17 时东向双层高积云

♠ 4. 2010 年 12 月下旬小雨过程

时　间：2010 年 12 月 20—24 日

地　点：海南省三亚市

云天象：高积云、层积云，霞

12 月 20—22 日，日出日落接乌云，云状为高积云、层积云。

20 日 09 时许，有成片的高积云自西南向东北方向移动，呈辐辏状、波浪状。16 时后，有积云性层积云发展。

▲ 12 月 20 日 09 时 23 分高积云呈辐辏状、波浪状

21 日、22 日，日出接乌云，云状为层积云，太阳有红环，出现朝霞红云，持续 20 余分钟

23 日、24 日，日出接乌云，晴转阴，25 日海南全省小雨。

▲ 12 月 21 日 07 时 19 分红环霞云

▲ 12 月 22 日 07 时 16 分朝霞红满天

5. 2011年1月上旬寒潮低温阴雨雪过程

时　间：2011年1月1—6日

地　点：浙江省温州市

云天象：高积云、层积云，霞，日华

1月1—2日，日出日落接乌云，云状为高积云、层积云。

1日16时许，有系统性高积云自西南向东北方向移动，呈波浪状、辐轴状。日落有棕黄色云霞。

▲ 1月1日15时54分高积云呈波浪状

2日下午出现絮状高积云。日落有高积云、层积云，出现浅黄色云霞。夜里有阵雨。3日多云。4日下午有系统性絮状高积云自西北向东南向移动。日落接乌云，云状为高积云。

▲ 1月2日日落高积云，浅黄色云霞

5日、6日，温州降温落霰①，下小雨。以西、以北地区降雪降温。

1月7—9日，日出日落接乌云，云状为高积云。

7日，15时后有成片的高积云，呈波状，日落有红棕色云霞。

8日，日出太阳"眯眼笑"。

---

① 霰，又称"雪丸"，固态降水的一种。以冰晶聚合体为中心，外面为冻冷水滴。

9日，日出有华。连续低温阴天，室内气温在 5 ℃以下，为最冷期。

▲ 1月7日15时43分波浪状高积云，云霞

◀ 1月4日15时30分絮状高积云

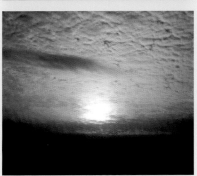

◀ 1月8日日出高积云，太阳"眯眼笑"

◀ 1月9日08时02分高积云，日华

6. 2011年1月中旬雨雪过程

时 间： 2011年1月15—18日

地 点： 浙江省温州市 [①]

云天象： 层积云、高积云，上晖线，霞，日华

◀ 1月15日15时30分积云性层积云上晖线

▲ 1月17日16时10分高积云呈絮状、滚轴状

▲ 1月17日16时24分日华、云霞

1月15日，寒潮降温、阴雨天气之后，上午开天放晴。14时至15时30分在积云性层积云上出现上晖线，宽光条灰白相间，清晰醒目。日落有浅霞云。16日、17日，寒潮降温，刮风，出现入冬以来最低气温-3～-1℃，有白霜，产生冻害。

17日，15时30分至16时40分有系统性高积云，呈絮状、滚轴状，自西南向东北方向移动。日落接乌云，云状为高积云，有华和云霞。

18日阴。受冷空气与锋面影响，19日、20日，温州连续性雨雪天气，山区降雪。衢州、金华以北的杭州、嘉兴、湖州地区，上海、皖南、赣北、长沙等地区下大雪，交通受阻。

---

① 记录地区为温州，天气过程影响江南地区。

7. 2011 年 2 月上旬雨雪过程

时　间：2011 年 2 月 7—10 日
地　点：浙江省衢州市
云天象：高积云，霞

2 月 7—9 日，日出日落接乌云，云状为高积云。日落有橙黄色云霞。

8 日、9 日，日出有雾，后抬升为高积云。14 时后，有系统性高积云自西向东移动，呈波浪状。

受冷空气与锋面影响，9 日夜间至 10 日晨下雪，山上屋顶积雪 5～10 厘米。后又下一天雨。

▲ 2 月 7 日日落云霞

▲ 2 月 8 日雾

▶ 2 月 8 日 14 时高积云呈波浪状

8. 2011年2月中旬降水过程

时　间：2011年2月14—15日
地　点：浙江省衢州市
云天象：层积云、高积云，下晖线，霞

2月14日，16时后，在层积云隙出现清晰可辨的灰白橙红色下晖线光条。日落接乌云，云状为层积云，有浅红色云霞。

▲ 2月14日16时05分层积云下晖线

15日，日出接乌云，云状为高积云，有浅红色云霞。16时后，有系统性高积云，呈絮状、波浪状，自西南向东北方向移动。日落接乌云，云状为高积云、层积云，有浅云霞。当夜至16日，连续性降水，中雨。

▲ 2月15日16时高积云呈絮状、波状

▶ 2月15日15时59分日落高积云、层积云，云霞

◆ 9. 2012年1月上旬小雪过程

时　　间：2012 年 1 月 2—4 日

地　　点：浙江省温州市

云天象：卷云、高积云

　　1 月 2 日，日出太阳发毛，有卷云。14 时后，有系统性高积云自西南向东北方向移动，布满全天空。

　　4 日，12 时 30 分之后，有系统性高积云，呈絮状、波浪状，自西南向东北方向移动，逐渐增厚蔽光。受冷空气与锋面影响，夜里至 5 日下雪降温。

◀ 1 月 2 日 14 时 30 分
高积云呈絮状、滚轴
状、波浪状

◀ 1 月 4 日 15 时 20 分
絮状高积云增厚避光

附录 云的分类

云状分类表

云族	云属		云类	
	学名	简写	学名	简写
低云	积云	Cu	淡积云	Cu hum
			碎积云	Fc
			浓积云	Cu cong
	积雨云	Cb	秃积雨云	Cb calv
			鬃积雨云	Cb cap
	层积云	Sc	透光层积云	Sc tra
			蔽光层积云	Sc op
			积云性层积云	Sc cug
			堡状层积云	Sc cast
			荚状层积云	Sc lent
	层云	St	层云	St
			碎层云	Fs
	雨层云	Ns	雨层云	Ns
			碎雨云	Fn
中云	高层云	As	透光高层云	As tra
			蔽光高层云	As op
	高积云	Ac	透光高积云	Ac tra
			蔽光高积云	Ac op
			荚状高积云	Ac lent
			积云性高积云	Ac cug
			絮状高积云	Ac flo
			堡状高积云	Ac cast
高云	卷云	Ci	毛卷云	Ci fil
			密卷云	Ci dens
			伪卷云	Ci not
			钩卷云	Ci unc
	卷层云	Cs	毛卷层云	Cs fil
			薄幕卷层云	Cs nebu
	卷积云	Cc	卷积云	Cc

后 记

在二十世纪六七十年代期间，工作松散无所适从，便以观天为业余兴趣爱好，开始观测天象，记录天气日记。起初没有相机摄影，只能用笔记日记。改革开放、全国第一次科学大会之后，一心执着追求应用气象技术与科学研究、撰写科研论文与著书，无暇观天，日记中断。1997年退休后，又继续恢复"看天"这个兴趣爱好，坚持观天记日记，并开始用相机拍摄影像。

观天日记记录资料与拍摄影像的基点在兰州和温州。每当工作出差、参会，退休后的探亲旅游、上海陪读、考察等，随时记录摄影。经过20余年的观测记录拍摄，已经积累起了100多个天气过程的云状天象记录资料。拍摄有1000多张影像图片，供做规律性分析研究、选美影像艺术欣赏。

通过长期多年的多点观测记载，对天气日记图像的分析研究与探索，获得了一些新的认识与进展：

（1）每一次天气过程演变所出现和"表演"的云和天象，都是各类天气系统运动的直观天气信息或过程云天象模式。不同云状天象出现的顺序特征，是各类锋雨天气影响与演变的先兆，二者既有共性又有个性，有规律可循，这正是天气谚语之精华所在。

如日出日落接乌云，系统性的高积云、层积云，呈絮状、堡状、波浪状，滚轴状、辐辏状发展运动，气辉光条晖线，毛卷云、卷层云与太阳发毛，霞与霞云、雾、华、晕等，都是各种天气类型常见的指示性、先兆性的云天象特征，贯穿于每一个天气过程的天气日记图像中。通过观察、研究各类天气下不同的云状和天象，有助于增加对天气现象与天气系统演变之间关系的认知。

（2）云和天象日记记录融合了气象学、天气学、大气光学与群众看天经验，图集资料可用于普及气象知识。同时，该记录又是一个天气演变过程的云天象数据库，既收集、积累和保存了云天象信息，又验证了群众看天气象谚语，属于气象历史文化遗产的一部分。

（3）云和天象日记记录也是气象云天象摄影集。奇丽多姿多彩、惟妙惟肖、变幻可测的云天图像，可以展示气象的独特之美。让人在欣赏云天象艺术之美时，还能学习气象知识。

此书虽不如当代气象卫星图像那样科技现代，不如专业摄影图像那样艳丽秀美，但这却是不可多得的珍贵气象影像资料。希望通过此书，能让广大气象爱好者知晓云和天象与天气变化的关系，能够通过自己的双手，去记录这些自然界的美和神奇，能让气象知识融入生活，变得简单而有趣。

作者

2022 年 12 月